大庆油田四站储气库群建库设计技术与实践

郭洪岩　高　涛　曹宝军　等编著

石油工业出版社

内 容 提 要

本书以大庆油田四站储气库群为例，介绍了浅层砂岩储气库建库设计的思路、方法和技术。针对气藏埋深浅、断层发育复杂、产能影响因素认识不清等问题，通过开展井震结合统层对比及小层细分、构造精细解释、有效储层精细刻画、圈闭密封性评价、先导试验注采动态评价，以及考虑临界携液流量、临界冲蚀流量、井筒携砂能力等多项约束的节点分析方法，确定建库各项参数。

本书可供从事天然气开发、储气库建设的专业技术人员、管理人员，以及石油院校相关专业师生参考。

图书在版编目（CIP）数据

大庆油田四站储气库群建库设计技术与实践 / 郭洪岩等编著 . —北京：石油工业出版社，2024.4

ISBN 978-7-5183-6643-9

Ⅰ . ①大… Ⅱ . ①郭… Ⅲ . ①地下储气库－天然气开采－大庆 Ⅳ . ① TE822

中国国家版本馆 CIP 数据核字（2024）第 074488 号

出版发行：石油工业出版社

（北京安定门外安华里 2 区 1 号　100011）

网　　址：www.petropub.com

编辑部：（010）64523760

图书营销中心：（010）64523633

经　　销　全国新华书店

印　　刷：北京中石油彩色印刷有限责任公司

2024 年 4 月第 1 版　2024 年 4 月第 1 次印刷

787×1092 毫米　开本：1/16　印张：9.75

字数：176 千字

定价：118.00 元

《大庆油田四站储气库群建库设计技术与实践》
—— 编 写 组 ——

组　　长：郭洪岩　高　涛　曹宝军

副组长：顾　超　王海燕　高　翔　邱红枫　纪学雁

成　　员：邹慧杰　王树霞　殷　鹏　王晓蔷　鲁　健

　　　　　赵丽丽　王继辉　唐亚会　尹华铭　屈　洋

　　　　　于海生　文瑞霞

前言

　　地下储气库建设是天然气"产、供、储、销"整体产业链中不可或缺的关键一环，是保障天然气管网高效安全运行、平衡季节用气峰谷差、应对长输管道突发事故、保障国家能源安全的重要措施。自 1915 年加拿大在安大略省 Welland 气田建成全球第一座气藏型储气库以来，储气库业务已跨越百年发展历史，形成油气藏型、盐穴型、含水层型和矿坑型 4 种储气库类型。我国的储气库建设和相关研究起步较晚，建库类型主要以气藏型和盐穴型为主，储层深度普遍为 1000~4000m。大庆油田四站储气库群由超浅层砂岩气藏改建而来，是我国目前在役最浅的储气库，储层埋深仅 570~630m，通过多年技术攻关与先导试验实践，形成了一套浅层砂岩储气库建库设计技术，为浅层砂岩气藏建库积累了宝贵经验。

　　本书共分为八章。第一章主要介绍国内外储气库建库概况，包括储气库分布、类型、调峰能力等。第二章主要内容是对储气库建库必要性及天然气市场需求进行分析，内容涵盖了大庆油田四站储气库群建库必要性、天然气市场分析、需求预测、供需平衡分析。第三章主要内容是大庆油田对四站气藏进行建库地质综合评价，包括以覆盖全区的骨架剖面为基础的井震结合统层对比及小层细分、从单井层位标定到层位追踪再到三维空间变速成图的构造精细解释、通过单井岩心分析及测井相识别，并结合地震属性优选，落实气藏沉积微相展布特征、应用地质统计学反演技术，落实有效储层展布特征、区块储量复核等内容。第四章主要内容是气藏工程研究，包括老井试气及生产简况、气藏开发简况、先导试验注采动态评价及气藏动态储量评价等内容。第五章主要内容是气藏圈闭密封性评价，包括盖层宏观、微观静态密封性评价、以盖层破裂压力和剪切安全指数及突破安全指数为指标的盖层动态密封性评价、气藏底板层密封性评价、断层静态密封性定性、定量评价、应用流固耦合模型、以断层临界滑动压力和断层滑移指数为核心的断层动态密封性评价等内容。第六章主要内容包括气藏地质建模及数值模拟两部分。其中地质建模部分包括构造模型、储层模型、属性模型建立；数值模拟部分包括物质平衡模型和数值模拟模型建立。第七章主要介绍储气库运行参数设计，包括应用考虑临界携液流量、临界冲蚀流量、水合物形成风险分析、井筒携砂能力等多项约束的节点分析方法，落实直井和水平井注采气能力、综合考虑储气库圈闭密封性及工作气量规模，确定储气库运行压力区间、根据气藏驱动机理及交替注采水侵量变化规律，应用物质平衡和数值模拟方法，分区块确定库容量、工作气量、气垫气量等库容参数、根据市场需求和调峰能力设计储气库运行周期等。第八章主要介绍储气库注采井位部署设计，涵盖通过无阻流量和产能公式确定井型，依据单井试井解释和调峰需求确定最优井网密度及注采井数、通过数值模拟手段进行方案对比优化，以及建立储气库系统化、立体化、永久化的监测体系等方面的内容，还简要介绍了方案实施风险分析及实施要求等内容。

本书由郭洪岩、高涛、曹宝军、顾超、王海燕、高翔、邱红枫、纪学雁统编，参加编写的人员有邹慧杰、王树霞、殷鹏、王晓蔷、鲁健、赵丽丽、王继辉、唐亚会、尹华铭、屈洋、于海生、文瑞霞等。本书在编写过程中得到了大庆油田有限责任公司开发事业部、大庆油田勘探开发研究院、大庆油田设计院有限公司、大庆油田天然气分公司的领导、专家和技术人员的大力支持，在此表示衷心的感谢。

本书系统总结了大庆油田四站储气库群建库设计的思路、方法和技术，希望此书对国内外类似气藏改建储气库起到一定的借鉴作用。随着储气库建库设计技术的不断发展，对于储气库运行优化、注采渗流机理、库存评估诊断等方面还需要进一步探索攻关。我们将始终致力于建立包括建库设计、动态评价、运行管理的储气库全生命周期研究技术体系，在科学建库、高效运行的道路上不断探索，砥砺前行。

鉴于本书涉及的领域较广，加之编者水平有限，书中难免有不足之处，恳请广大读者批评指正。

CONTENTS   目录

第一章 国内外储气库建库概况 ··· 1

第一节 国外地下储气库建库概况 ··· 1

第二节 国内地下储气库建设现状 ··· 2

第三节 大庆油田地下储气库建设现状 ··································· 2

第二章 建库必要性及天然气市场需求分析 ································· 5

第一节 建库必要性分析 ··· 5

第二节 天然气市场需求预测 ··· 6

第三章 气藏地质评价 ··· 11

第一节 气藏概况 ··· 11

第二节 区域地质特征 ··· 13

第三节 地层划分与对比 ··· 14

第四节 构造精细解释 ··· 19

第五节 储层精细描述 ··· 26

第六节 气藏特征研究 ··· 37

第七节 地质储量复算 ··· 39

第四章 气藏工程研究 ··· 42

第一节 老井试气及生产简况 ··· 42

第二节 气藏开发及先导试验简况 ··· 44

第三节 动态储量评价 ··· 52

第五章 气藏圈闭密封性评价 ··· 55

第一节 盖层密封性评价 ··· 55

第二节 底板密封性评价 ··· 61

第三节 断层密封性评价 ··· 62

第六章　地质建模及数值模拟 ·· 71

　第一节　地质建模 ··· 71

　第二节　数值模拟 ··· 85

第七章　储气库运行参数设计 ··· 90

　第一节　储气库临界注采条件分析 ··· 90

　第二节　储气库注采能力分析 ·· 95

　第三节　储气库群运行压力设计 ·· 103

　第四节　储气库库容参数设计 ··· 105

　第五节　储气库运行周期设计 ··· 113

第八章　井位部署设计 ··· 114

　第一节　注采井位部署 ·· 114

　第二节　储气库群监测方案设计 ·· 125

　第三节　风险分析及实施要求 ··· 143

参考文献 ·· 146

第一章 国内外储气库建库概况

目前世界上约有 695 座地下储气库,主要分布于北美、欧洲等发达地区。国际天然气市场通常划分为北美、南美、欧洲、独联体、中东、非洲和亚太等七大区域市场,其中除了非洲,其他六个地区均建有储气库,但是分布极不均衡,其中北美、欧洲和独联体等传统天然气市场占据了 93% 的储气能力。北美共有储气库 439 座,集中了全球近三分之二的储气库。从类型看,枯竭油气藏型、含水层型、盐穴型为最常见的 3 种类型,其中枯竭油气藏型占比可达 80% 以上[1-3]。

全球储气库总工作气量为 $4212×10^8m^3$,其中北美地区总工作气量为 $1635×10^8m^3$,占全球总量的 38.8%,位居全球第一;排第二位的是独联体地区,总工作气量为 $1208×10^8m^3$,占全球总量的 28.7%;其次是欧洲地区,总工作气量为 $1076×10^8m^3$,占全球总量的 25.5%。

第一节 国外地下储气库建库概况

一、美国储气库

美国储气库 392 座,工作气量 $1359×10^8m^3$,隶属于 150 多个不同公司。美国境内的地下储气库形成了三大密集区、两大稀疏区。西北部从加拿大进口的天然气,没有大规模修建地下储气库的必要;太平洋沿岸区工业用气较少,民用天然气的需求也较少,因而该区地下储气库也较为稀疏。储气库在 20 世纪 80 年代以前作为管道的辅助设施,由天然气供应商建设管理,20 世纪 80 年代以后与管输业务分离,市场化独立运营,运营方式更加多元化。

二、欧盟储气库

欧盟建有地下储气库的 21 个国家中,共有储气库 112 座,工作气量 $928×10^8m^3$,隶属于 50 多个不同公司,排名前 6 位的全部为西欧国家,这 6 个国家分别是德国、意大利、荷兰、法国、奥地利、匈牙利。欧盟储气库在 20 世纪 90 年代以前普遍垂直一体化管理模式,作为管道的附属,20 世纪 90 年代以后进行市场化改革,实行天然气产业链的分离,独立运营。

三、俄罗斯储气库

俄罗斯拥有 24 座地下储气库(15 座枯竭油气藏型、8 座含水层型、1 座盐穴型储气库),工作气量合计 $1159×10^8m^3$。这些储气库主要位于两个区域,从北边波罗的海沿岸到南边黑海沿岸建有 10 座地下储气库，俄罗斯西西伯利亚南部建有 12 座地下储气库。2007 年以前，储气库按地区所属原则附属于相应的天然气运输子公司。2007 年以后，俄罗斯整合储气库业务，从运输企业中剥离出来，成立独立子公司，单独运营，独立核算。

第二节　国内地下储气库建设现状

我国储气库建库地域分布不均，储气库主要集中在中西部地区，而主要消费城市位于东南部地区，对于此供需分离现状，国字号战略工程"西气东输"与储气库同步规划，实现了天然气能源供给与需求的无缝衔接。储气库在保障天然气保供管网安全平稳运行方面发挥了不可替代的作用。

目前全国已建天然气储气库 27 座，工作气量规模近 $180×10^8m^3$，主要归属于中国石油天然气集团有限公司（简称中国石油）、中国石油化工集团有限公司（简称中国石化）和国家石油天然气管网集团有限公司（简称国家管网集团）分布于京津冀共 17 座，长三角地区 2 座，东北地区 4 座，西南地区 1 座（相国寺），西北地区 1 座，中西部地区 1 座，华中地区 1 座。其中坐落在京津冀地区的苏桥储气库群是目前世界上最深的储气库群，平均深度在 4900m 以上，始建于 2012 年，由苏 1、苏 20、苏 4、苏 49、顾辛庄 5 座储气库构成，总有效库容 $67.38×10^8m^3$，设计工作气量 $23.32×10^8m^3/a$。新疆呼图壁储气库是目前全国最大的地下储气库，于 2013 年 6 月建成投产，设计库容 $107×10^8m^3$，工作气量 $45.1×10^8m^3$，是西气东输二线首座大型储气库，具备季节调峰和应急储备双重功能，对保障西气东输稳定供气、缓解新疆北部冬季用气紧张具有重要作用。大张坨储气库群是中国第一座商业储气库，2000 年建成投产，设计总库容量 $69×10^8m^3$，工作气量 $30.3×10^8m^3$，主要承担京津冀地区天然气"错峰填谷"任务。金坛储气库是我国首座盐穴储气库，坐落在常州市金坛区，设计总库容量 $12×10^8m^3$，工作气量 $7×10^8m^3$，是西气东输一线重要的调峰应急气源，具有强注强采、随注随采、无损注采等独特优势，在长三角地区调峰保供中发挥重要作用[2]。

我国建库目标地质条件复杂，经过 20 年持续攻关，创建了复杂断块储气库动态密封理论、复杂储层高速注采渗流理论和优化设计方法，攻克了复杂地质条件储气库工程建设关键技术，建立了复杂储气库长期运行风险预警与管控技术，构建了成套建库技术及标准体系，形成了我国地下储气库新型产业，建库技术达到国际领先水平。

第三节　大庆油田地下储气库建设现状

大庆油田地下储气库群位于中俄东线输气管道入境后起始端，主要由油藏气顶、浅层砂岩气藏及火山岩气藏改建而成，目前形成"运行 2 座、建设 2 座、评价 3 座"发展格局，设计总工作气量 $65.95×10^8m^3$，将有力推动东北天然气储备基地建设。大庆油田储气库建库资源分布如图 1-1-1 所示。

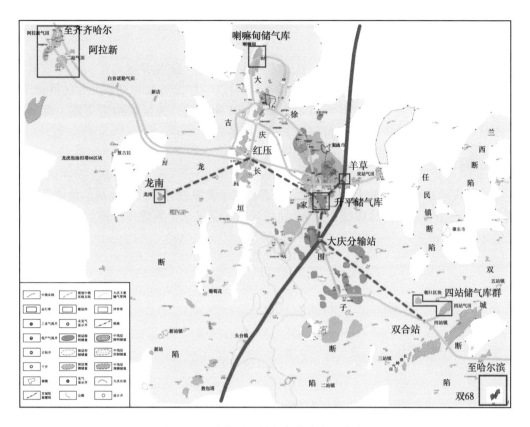

图 1-1-1　大庆油田储气库建库资源分布图

一、喇嘛甸储气库

喇嘛甸储气库为我国建设最早的储气库，目前已安全平稳运行近半个世纪。储气库整体为短轴背斜，油气界面深度920m，气顶高度90m，1975年开始投运，累计注气 $23.48 \times 10^8 m^3$，累计采气 $24.82 \times 10^8 m^3$。

二、四站储气库群

四站储气库群为国内埋藏最浅储气库，由四站长轴背斜和朝51单斜构造组成，埋深介于600~700m，储层有效厚度2~5m，为发育边水的层状岩性—构造气藏。设计库容 $5.17 \times 10^8 m^3$，工作气量 $3.05 \times 10^8 m^3$，2019年2月开展先导试验试注试采两周期，2021年12月31日正式投产，已累计注气 $4.85 \times 10^8 m^3$，累计采气 $1.71 \times 10^8 m^3$，2023年实现全面达容。

三、升平储气库

升平储气库为世界首座火山岩储气库，2023年2月被列为国家重点工程。气藏为多个火山体叠置的复式背斜构造，埋深2900~3000m，岩性主要为低渗透火山岩，储层有效厚度平均50m，为发育底水的块状岩性—构造气藏。设计库容 $128.2 \times 10^8 m^3$，工作气量

3

$40.6×10^8m^3$，2 口先导试验井于 2020 年 8 月开始试采，目前已进入建设准备阶段。

四、龙南储气库

龙南储气库位于大庆油田西部，靠近已建庆齐管道，兼顾缓解大庆、齐齐哈尔及周边地区季节调峰需求，缓解页岩油开发与新能源对燃气替代引起的夏季天然气供销矛盾。区块为断鼻构造，气藏主要发育在黑帝庙油层 HII 油层组，为层状构造气藏。设计库容 $2.1×10^8m^3$，工作气量 $1.4×10^8m^3$，目前处于建设准备阶段。

五、待评价库址

根据大庆油田储气库库址筛选标准，对有利建库资源进行筛选，规划羊草储气库、阿拉新储气库群作为后续评价库址，双 68 油藏开展气驱采油协同建库探索，预计可建成工作气量 $19.9×10^8m^3$。

第二章 建库必要性及天然气市场需求分析

地下储气库功能定位包括季节性调峰、应急供气和战略储备。应根据天然气资源、市场调峰需求、地理位置、库容量及工作气量，结合输气管网建设及总体规划等因素综合分析其建设必要性。

第一节 建库必要性分析

一、国家天然气产业政策调整，亟须解决储气能力严重不足的现状

天然气是优质高效、绿色清洁的低碳能源。当前我国天然气产业发展不平衡不充分问题较为突出，主要是国内产量增速低于消费增速，消费结构不尽合理，基础设施存在短板，储气能力严重不足，应急保障机制不完善，设施建设运营存在安全风险等。为解决我国天然气消费逐步增长以及储气能力不足的问题，国务院在 2018 年下发了《国务院关于促进天然气协调稳定发展的若干意见》（国发〔2018〕31 号文件），国家发展和改革委员会、国家能源局联合印发了《关于加快储气设施建设和完善储气调峰辅助服务市场机制的意见》（发改能源规〔2018〕637 号）。

二、大庆油田已建储气库调峰能力无法满足季节调峰需求

大庆油田已建储气库喇嘛甸储气库位于喇萨杏油田的北部，喇二注气站于 2000 年建成投产，总注气能力为 $100×10^4m^3/d$，辖 14 口注采气井。近三年喇二注气站注采气量见表 2-1-1。

表 2-1-1 喇二注气站近三年注采气量

年份	注气		采气	
	运行天数（d）	注气量（10^8m^3）	运行天数（d）	采气量（10^8m^3）
2017	167	0.9	125	1.1
2018	168	1.15	124	0.89
2019	160	1.03	119	0.84

目前储气库担负着喇萨杏油田伴生气季节调峰的任务，冬季采气，夏季注气，调峰能力可达 $1.1×10^8m^3$。储气库的建设一定程度地缓解冬夏天然气需求差异的矛盾，但储气库

现有调峰能力不能满足季节调峰的要求。

三、中俄东线天然气管道已经投产，充分利用俄气资源迫在眉睫

2019 年 12 月 2 日，中俄东线天然气管道正式投产，输气量将在近几年内逐步达到 $380×10^8m^3/a$，对我国东北部和华北地区气源有直接的支撑，"气荒"的隐患也会逐渐减少。根据 2017 年中俄双方签订的《中俄东线购销合同的补充协议》的内容，合同采用"照付不议"条款。考虑到黑龙江地区冬夏季用气的峰谷差，合理充分地利用俄气资源也是亟须解决的问题。

四站储气库群的建设可以充分利用大庆枯竭气藏地质资源及中俄天然气东线管道资源，满足大庆及周边市场季节调峰需求，缓解大庆油田生产与下游用户冬夏季用气不均衡的矛盾，降低气田冬季高负荷生产给地下储层和地面生产设施带来的安全风险，具有良好的经济效益和社会效益。

第二节 天然气市场需求预测

大庆油田周边市场是黑龙江省工业走廊带的核心区域，近年来工业发展迅速，天然气利用基础较好。随着黑龙江省天然气利用相关政策的出台，各地政府也相继制定了天然气利用发展的相关政策和目标，重点围绕天然气资源的有效利用，布局发展相关产业。根据大庆油田天然气分公司 2021—2030 年油田周边区域天然气商品气市场需求预测，截至 2030 年黑龙江省总需求气量将达到 $110×10^8m^3$。

一、哈尔滨及其周边需求预测

哈尔滨及周边地区，主要用户为哈尔滨东官末站、哈尔滨天辰公司与肇东中石油昆仑燃气有限公司，2019 年供气总量为 $7.85×10^8m^3$，冬季用气高峰月日均供气 $276.6×10^4m^3$，较夏季日均气量高出 $142.1×10^4m^3$，见表 2-2-1。

表 2-2-1 2019 年哈尔滨及周边主要用户用气统计表　　　　单位：$10^4m^3/d$

月份　　主要用户	1月	2月	3月	4月	5月	6月	7月	8月	9月	10月	11月	12月
东官末站	189.5	187.0	152.8	134.0	114.8	113.3	109.0	115.7	122.2	136.5	190.1	210.9
天辰公司	32.0	27.6	24.5	19.3	16.0	16.7	15.6	15.9	18.1	19.0	28.2	35.6
肇东昆仑燃气	14.4	12.3	11.1	11.0	11.4	11.1	9.9	9.7	10.0	15.4	24.0	30.1
合计	235.9	226.9	188.4	164.3	142.2	141.1	134.5	141.3	150.3	170.9	242.3	276.6

哈尔滨市作为黑龙江省政治、经济核心城市，经济发达，工业经济发展迅速，现拥有众多特色产业和工业园区。同时，随着《哈尔滨市燃煤污染防治条例》《哈尔滨市大气污染防治专项行动方案（2016—2018 年）》等政策的实施，哈尔滨加大力度开展"煤改气"相关工作，在"十四五"期间，天然气需求将大幅增加。

安达市与肇东市位于大庆与哈尔滨之间，得益于"哈大齐"工业走廊经济发展的优势，

且相邻大庆油田，它先于省内其他县级城市开展管道天然气利用项目，未来具有较大的增长空间。

根据大庆油田天然气分公司 2021—2030 年油田周边区域天然气商品气市场需求预测，截至 2030 年哈尔滨及周边区域总需求气量将达到 $28.77\times10^8m^3$，见表 2-2-2。

表 2-2-2　哈尔滨及周边区域天然气市场需求预测表　　　　单位：10^8m^3

地区 ＼ 年份	2024	2025	2026	2027	2028	2029	2030
哈尔滨	18.62	19.94	21.10	22.26	23.41	24.58	25.73
安达、肇东	1.45	1.62	1.84	2.05	2.26	2.63	3.04
合计	20.07	21.56	22.94	24.31	25.67	27.21	28.77

二、大庆及其周边需求预测

目前，大庆及周边地区主要用户为大庆石化分公司、大庆炼化分公司及大庆油田所属的甲醇厂、喇二电站等工业用户，以及大庆市和齐齐哈尔市的民用用户等。2019 年供气总量为 $17.65\times10^8m^3$。

大庆及周边地区用气是"以产定销、产销平衡"原则，冬季用气高峰期，一些主要用气用户将压减部分气量，满足居民及城市燃气用气需求。

自 2016 年以来，大庆市政府以"推动油头化尾产业"为向导，设立"大庆市天然气专业园区"，先后有多个用气项目落地大庆，实现天然气产业集群发展，未来天然气需求剧增。其中大庆军成天然气销售公司、肇东天佑燃气公司已经向大庆油田提出用气申请，并得到批复，截至 2030 年预计用气量达到 $190\times10^4m^3/d$。

根据大庆油田天然气分公司 2021—2030 年油田周边区域天然气商品气市场需求预测，至 2030 年大庆周边区域总需求气量达到 $53.69\times10^8m^3$，见表 2-2-3。

表 2-2-3　大庆周边区域天然气市场需求预测表　　　　单位：10^8m^3

地区 ＼ 年份	2024	2025	2026	2027	2028	2029	2030
大庆	31.78	34.79	36.7	38.74	40.88	43.16	45.55
齐齐哈尔	5.45	6.14	6.54	6.94	7.34	7.74	8.14
合计	37.23	40.93	43.24	45.68	48.22	50.90	53.69

三、大庆及其周边地区气量平衡分析

1. 大庆油田商品气量预测

结合大庆油田生产情况，原油生产中液量呈逐年递增趋势，以 2019 年吨液耗气量 $2.36m^3/t$ 测算逐年自用气量，截至 2030 年达 $18.68\times10^8m^3$。考虑冬夏季环境温度变化，导致用气需求变化，根据 2019 年各月用气量，测算出冬季用气调峰系数为 1.4，夏季系数为 0.56，依此测算用气高月、低月的均日用气量见表 2-2-4。

表 2-2-4 大庆油田自用气量预测表

项目名称 \ 年份	2024	2025	2026	2027	2028	2029	2030
年用气量（10^8m^3）	15.08	15.53	16.02	16.58	17.21	17.91	18.68
均月均日用气量（$10^4m^3/d$）	413	425	439	454	472	491	512
低月均日用气量（$10^4m^3/d$）	231	238	246	254	264	275	287
高月均日用气量（$10^4m^3/d$）	579	596	614	636	660	687	717

按照目前生产工艺，溶解气与原油同步产出，全年产出量均衡；气田气可根据实际用气需求，有计划产出，用于调节冬夏季用气不均衡。根据 2019 年气田冬夏季实际产气量，测算夏季不均衡系数为 0.61，冬季不均衡系数为 1.43。考虑目前冬季大庆地区部分工业用户仍需压减用气量，气田气冬季不均衡系数已达上限，依此数据测算气层气冬夏季产气量预测，并进一步算得大庆油田商品气量，见表 2-2-5。

表 2-2-5 大庆油田商品气量预测表

项目名称 \ 年份		2024	2025	2026	2027	2028	2029	2030
气层气	年产气（10^8m^3）	24.2	24	24	24	24	24	24
	日均产气（10^4m^3）	663	658	658	658	658	658	658
	低月均日（10^4m^3）	404	401	401	401	401	401	401
	高月均日（10^4m^3）	995	986	986	986	986	986	986
溶解气	年产气（10^8m^3）	16.8	16	15.2	14.4	13.6	12.8	12
	日均产气（10^4m^3）	460	438	416	395	373	351	329
总产气	低月均日（10^4m^3）	865	839	818	796	774	752	730
	高月均日（10^4m^3）	1455	1425	1403	1381	1359	1337	1315
商品气	低月均日（10^4m^3）	633	601	572	541	510	477	443
	高月均日（10^4m^3）	876	829	788	745	699	650	599

在考虑气田气冬夏季产气不均衡的情况下，截至 2030 年，大庆油田商品气量冬季将为（599~959）×$10^4m^3/d$。结合近五年大庆及周边地区实际销售气量，得到冬季不均衡系数为 1.32，夏季不均衡系数为 0.67，依此测算逐年高低月用气需求并分别分析大庆地区（包括齐齐哈尔）及哈尔滨周边地区的供需平衡。

2. 大庆及周边地区供需气量平衡分析

大庆及周边地区用气需求为（24.71~53.69）×$10^4m^3/d$，按照优先利用大庆油田自产气的原则，对该地区供需气量进行分析，见表 2-2-6。

表 2-2-6　大庆及周边地区气量平衡分析表

项目名称	年份	2024	2025	2026	2027	2028	2029	2030
总需求气量	年需求量（$10^8 m^3$）	37.23	40.93	43.24	45.68	48.22	50.9	53.69
	均月均日（$10^4 m^3$）	1020	1121	1185	1252	1321	1395	1471
	高月均日（$10^4 m^3$）	1346	1480	1564	1652	1744	1841	1942
	低月均日（$10^4 m^3$）	683	751	794	839	885	934	986
大庆商品气量	低月均日（$10^4 m^3$）	633	601	572	541	510	477	443
	高月均日（$10^4 m^3$）	876	829	788	745	699	650	599
剩余商品气量	高月均日（$10^4 m^3$）	-470	-651	-775	-907	-1045	-1191	-1343
	低月均日（$10^4 m^3$）	-50	-150	-222	-297	-375	-457	-542

经分析，大庆及周边地区仅在 2020 年冬季仍有剩余商品气可向哈尔滨方向输送，自 2024 年夏季开始，大庆商品气量已无法满足大庆及周边地区的用气需求，需要俄罗斯商品气补充，最大补充气量将在 2030 年冬季达到 $1343 \times 10^4 m^3/d$。

3. 哈尔滨及其周边地区供需气量平衡分析

哈尔滨及其周边地区年需求气量为（$9.24 \sim 28.77$）$\times 10^8 m^3$，根据中俄东线相关供气安排，哈尔滨地区将由大庆—哈尔滨支线与明水—哈尔滨支线管道共同供气，供气量按各 50% 考虑，哈尔滨及其周边供需气量分析预测见表 2-2-7。

表 2-2-7　哈尔滨及其周边供需气量分析预测表

项目名称	年份	2024	2025	2026	2027	2028	2029	2030
总需求气量	总需求量（$10^8 m^3$）	20.07	21.56	22.94	24.31	25.67	27.21	28.77
	测算需求量（$10^8 m^3$）	10.76	11.59	12.39	13.18	13.97	14.92	15.91
	均月均日（$10^4 m^3$）	294.8	317.5	339.5	361.1	382.6	408.8	435.8
	高月均日（$10^4 m^3$）	389.1	419.1	448.1	476.6	505.0	539.6	575.2
	低月均日（$10^4 m^3$）	197.5	212.7	227.4	241.9	256.3	273.9	292.0
剩余商品气量	高月均日（$10^4 m^3$）	—	—	—	—	—	—	—
	低月均日（$10^4 m^3$）	—	—	—	—	—	—	—
哈尔滨缺口量	高月均日（$10^4 m^3$）	389.1	419.1	448.1	476.6	505	539.6	575.2
	低月均日（$10^4 m^3$）	197.5	212.7	227.4	241.9	256.3	273.9	292

根据预测分析，在 2023 年之前，夏季大庆油田有剩余商品气量，可利用，但自 2020 年冬季，哈尔滨用气已出现缺口，需要俄罗斯商品气补充，最大补充气量在 2030 年冬季将达到 $575.2 \times 10^4 m^3/d$。

4. 综合供需气量平衡分析

为了解整体天然气供需情况，对大庆、哈尔滨及周边地区供需气量综合分析，见表 2-2-8。平衡分析中，仍按照大庆油田自产气优先向大庆及北部等周边区域供气，富裕气向哈尔滨及周边地区供应的原则。

表 2-2-8　大庆、哈尔滨及其周边供需气量分析预测表

项目名称	年份	2024	2025	2026	2027	2028	2029	2030
总需求气量	年需求量（10^8m^3）	48.0	52.5	55.6	58.9	62.2	65.8	69.6
	均月均日（10^4m^3）	1315	1439	1524	1613	1704	1803	1907
	高月均日（10^4m^3）	1736	1899	2012	2129	2249	2380	2517
	低月均日（10^4m^3）	881	964	1021	1080	1141	1208	1277
大庆地区商品气量	高月均日（10^4m^3）	876	829	788	745	699	650	599
	低月均日（10^4m^3）	633	601	572	541	510	477	443
缺口气量	高月均日（10^4m^3）	859	1070	1224	1384	1550	1730	1918
	低月均日（10^4m^3）	248	363	449	539	632	731	834

根据表 2-2-8 分析得出，至 2030 年冬季缺口气量将达到 $1918×10^4m^3/d$，需要俄罗斯商品气补充。

第三章 气藏地质评价

气藏地质评价是储气库方案设计的基础性、关键性工作，包括地层划分与对比、精细构造研究、储层精细描述、地质储量复算等内容，明确储气地质体构造、储层发育特征对储气库建库方案设计具有重要意义。

第一节 气藏概况

四站气藏位于黑龙江省肇东市，地表海拔高程在 130m 左右，地势较为平坦。气藏区域内有朝中干路、四站至德昌公路和四站至肇东的公路，从公路至已建的气井有砂石通井路，候选区块区域内大部分为旱作物农田，有纵横交错的乡村路，交通便利。

一、勘探阶段

四站构造上现有包括深层、葡萄花、扶余、杨大城子等油层的探井、评价井及生产控制井 8 口，含气面积内有探井、评价井及生产控制井 6 口，其中，探井、评价井 5 口，生产控制井 1 口。葡萄花油层取心 3 口，心长 55.77m。葡萄花油层试气获工业气流井 3 口。在岩心、电测资料齐全前提下，四站气藏于 1990 年提交葡萄花油层天然气探明地质储量。

二、气田开发阶段

A5 井于 1990 年 11 月投入开发，1994 年 1 月在 A1 井附近钻 A6 井，1 月底投产，2002 年底计划关井至今。该气田初期地层压力 5.81MPa，建库前为 1.85MPa，初期日产气 $7.02×10^4m^3/d$。截至 2019 年 12 月，开井 1 口（A6 井），单井日产气为 $0.49×10^4m^3$，累计采气量 $1.48×10^8m^3$。

三、先导试验阶段

为落实四站气藏动静态储量及储层连通性、砂体展布及含气性、水体分布范围、单井注采能力以及钻完井工艺适应性，于 2019 年 2 月开展先导试验，共部署先导试验井 4 口，其中 3 口直井，1 口水平井，井位如图 3-1-1 所示。3 口井葡萄花油层试气，获工业气流井 2 口，1 口井出水。葡萄花油层取心 1 口井，岩心长 30m，共分析各类样品 199 个。

2019 年 7 月进行注采试验，试验过程分为注气阶段、关井压力恢复、产能测试、采气阶段、关井压力恢复五个阶段。试验期间进行静压梯度测试、静压测试、流压测试、水质和气质分析以及全气藏关井测压，注采试验过程阶段安排如图 3-1-2 所示。

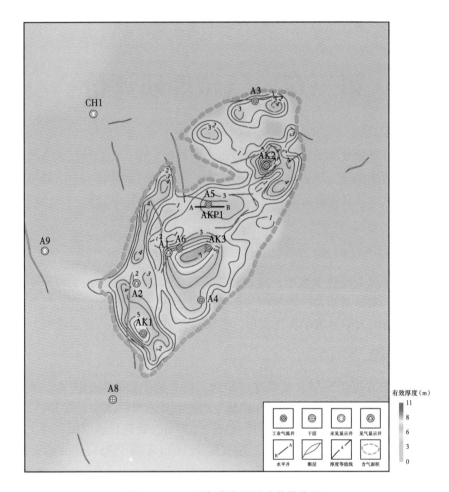

图 3-1-1　四站气藏先导试验井井位图

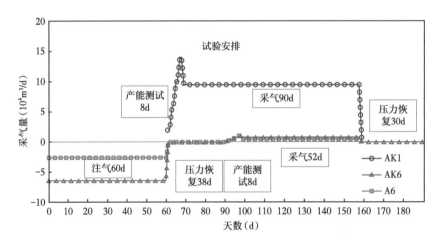

图 3-1-2　注采试验过程阶段安排

第二节 区域地质特征

四站气藏区域构造上属于松辽盆地中央坳陷区的朝阳沟阶地，为北东—南西方向的长轴背斜。构造区域上位于朝阳沟背斜、长春岭背斜夹持的向北东向开口的 V 形沟槽内，四站构造靠近 V 形沟槽中间，属于后期差异抬升挤压而成的"洼中隆"构造，具有良好的构造背景，是油气聚集的有利构造部位，四站储气库区域构造剖面如图 3-2-1 所示。

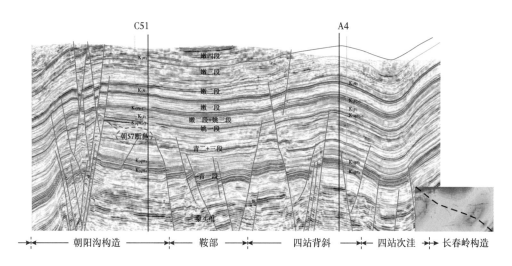

图 3-2-1 四站储气库区域构造剖面图

朝长地区自泉头组沉积开始至嫩江组沉积时期为统一的凹陷区，其后经历了嫩江期末、明水末、古近末 3 个主要的模式构造运动期次。朝长地区的构造变形总体呈现东强西弱，南强北弱的特点。嫩江组晚期至期末在朝长地区东南部形成构造雏形；明水期末形成构造幅度较高的长春岭背斜带和低幅度的朝阳沟阶地；古近纪末长春岭背斜带定型，发育长春岭背斜、三站背斜、四站背斜、五站背斜，而定型的朝阳沟阶地有朝阳沟背斜、翻身屯背斜等组成。

青山口组—姚家组沉积时期，松辽盆地经历了一个急速湖退—相对稳定—湖进过程，姚一下段沉积时期，四站井区发育一个东北部物源控制的三角洲前缘砂体（图 3-2-2），其余部分零星发育滨湖滩砂坝。姚一上段及姚二段 + 姚三段广泛发育滨浅湖沉积，在四站井区沉积了大量紫红色淤积泥。姚家组沉积末期，水体逐渐加深，其上覆嫩一段、嫩二段地层属于半深湖—深湖沉积，发育巨厚的灰色、黑色泥岩[4]。

四站气藏自上而下发育有第四系地层、白垩系下白垩统嫩江组、姚家组、青山口组、泉头组、登娄库组、侏罗系地层和基底地层。本区缺失古近系—新近系地层及白垩系上白垩统明水组、四方台组地层，部分缺失下白垩统嫩江组嫩四、嫩五段地层。主要含气层位为白垩系下统的姚家组一段葡一组油层，埋藏浅，地层埋深 570m，地层厚度一般为 8~10m。葡一组油层为一套滨湖沉积的粉砂岩、细砂岩夹杂色泥岩、灰黑色泥岩薄层的岩性组合。

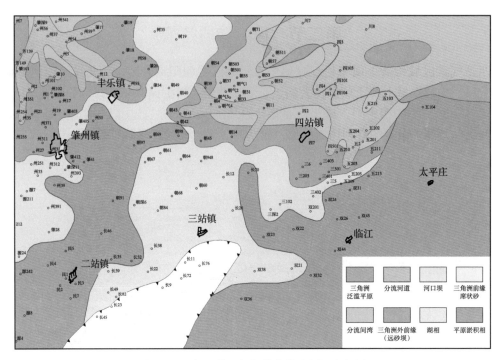

图 3-2-2　松辽盆地北部葡萄花油层沉积相图

第三节　地层划分与对比

地层对比工作首先是根据区域地层层序对比标志划分层系，然后采用井震结合统层技术，充分利用地震资料具有的横向可连续追踪性和钻井资料的纵向高分辨能力，确定工区内的几个主要层系界面在地震上响应特征，然后根据钻、测井资料研究确定地层叠加样式（如进积、退积作用）、地震反射中的地层接触关系（如剥蚀、上超、下超）、地震反射特征（如杂乱放射、平行反射、强弱振幅、连续性等）、地层旋回特征、特殊岩性段发育特征、稳定泥岩研究确定湖泛面、突变砂岩研究确定的界面（包括不整合面、顶超面或沉积作用转换面）等特征开展井震结合的层序划分与对比。

一、对比标志层

标志层指一层或一组具有明显的、可与上下岩层相区别、全区稳定分布的岩层。标志层在地层对比乃至整个地质—地球物理研究工作中都具有至关重要的作用。

通过实际资料分析最终确定了四个全区稳定分布的对比标志层。

1. 嫩二段底界油页岩

该标志层为全区发育，且分布稳定，是工区内乃至区域上一个典型标志层。该套地层特征如下：

岩性上：嫩二段底部发育一组稳定分布的油页岩，代表该套地层沉积时期水体最深，该层序对应最大湖泛面，其上覆嫩三段灰黑色泥岩，下部为嫩二段灰黑色泥岩，反映出上下地层的沉积环境相同，该界面为一区域整合面。

电性上：电阻率曲线由基线位置突变为异常高阻，声波曲线由低值跳跃为块状高值，与电阻曲线相比，其过渡特征十分明显，伽马曲线与上覆地层相比呈台阶状高值，自然电位处于基线位置或呈蠕虫状负异常，该标志层特征鲜明，是工区地层对比的Ⅰ级标志层如图 3-3-1 所示。

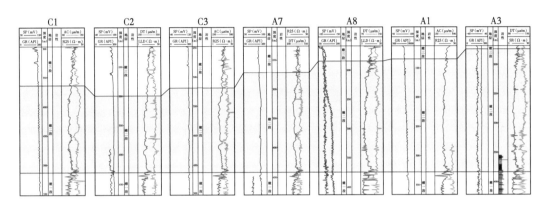

图 3-3-1　嫩二段底界标志层电性特征图

2. 嫩一段底界标志层

该标志层为全区发育，且分布稳定，是工区内乃至区域上一个典型标志层。该套地层特征如下：

岩性上：嫩一段底界为一组稳定分布的黑色泥岩，上覆地层中夹有薄层油页岩或劣质油页岩，向下与姚二段+姚三段灰绿色泥岩、紫红色泥岩接触，反映出水体逐渐加深，上下地层的沉积环境略有不同，该界面为一区域整合面。

电性上：电阻率曲线由基线位置变为小型刺刀状低阻，声波曲线由高值向下跳跃为台阶状低值，感应曲线由一个小型低洼逐渐抬升为峰状中值，与电阻曲线相比，其过渡特征十分明显，伽马曲线呈一组尖峰状高值，自然电位处于基线位置或呈蠕虫状负异常，该标志层特征十分明显，是工区地层对比的Ⅰ级标志层，如图 3-3-2 所示。

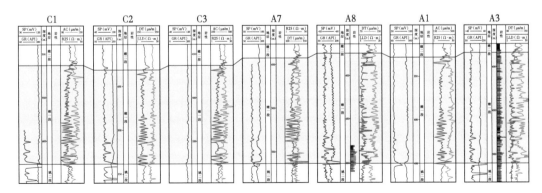

图 3-3-2　嫩一段底界标志层电性特征图

3. 姚一段底界标志层

该标志层为全区发育，分布稳定，是工区内乃至区域上一个典型标志层。该套地层特征如下：

岩性上：姚一段底界为一套稳定分布的紫红色泥岩、灰绿色泥岩背景上发育一组灰色粉砂岩，上覆地层为姚二段＋姚三段灰绿色、紫红色泥岩，反映出水体逐渐加深，沉积环境由水上沉积逐渐过渡为水下沉积，该界面为一区域整合面。

电性上：电阻率曲线处于一套刺刀状高阻的末端，声波曲线由大型中幅度箱形变为低幅度凹兜，伽马曲线处于一组尖峰状高值末端，向下演变成低幅凹兜，自然电位处于钟形或指型负异常，该标志层特征也十分明显，是工区地层对比的Ⅱ级标志层，如图3-3-3所示。

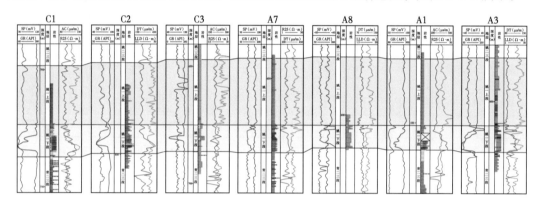

图3-3-3　姚一段底界标志层电性特征图

4. 青一段底界标志层

该标志层为全区发育，且分布稳定，是工区内乃至区域上一个典型标志层。该套地层特征如下：

岩性上：青一段底界为一组稳定分布的黑色泥岩，向下与泉四段灰绿色泥岩、紫红色泥岩接触，反映出水体逐渐加深，沉积环境由水上沉积逐渐过渡为水下沉积，该界面为一区域整合面。

电性上：电阻率曲线呈小型刺刀状低阻，声波曲线由高值向下跳跃为台阶状低值，伽马曲线呈一组锯齿型低值，自然电位处于基线位置或呈蠕虫状负异常，该标志层特征十分明显，是工区地层对比的Ⅰ级标志层，如图3-3-4所示。

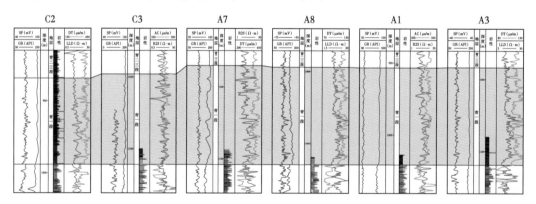

图3-3-4　青一段底界标志层电性特征图

二、井震联合统层

在统层对比的过程中，利用测井资料进行合成地震记录标定，将测井曲线的纵向变化特征和地震剖面平面变化相结合，将依据测井相应特征划分的分层数据与地震数据对比，相互检验，井震结合控制对全区各层位的统层划分与对比。

1. 标志层的地震响应特征

在地震剖面上，嫩二段底界标志层对应极强振幅连续反射波峰，在全区可以自动追踪。嫩一段底界标志层对应一套双轨强振幅连续反射波峰，在全区可以自动追踪。姚一段底界标志层为Ⅱ级标志层，对应较强连续反射的波谷，可以准确识别，在构造破碎带能量偏弱，连续性变差，需仔细识别。青一段底界标志层对应极强振幅连续反射波峰，在全区可以自动追踪，地震、地质对应关系如图3-3-5所示。

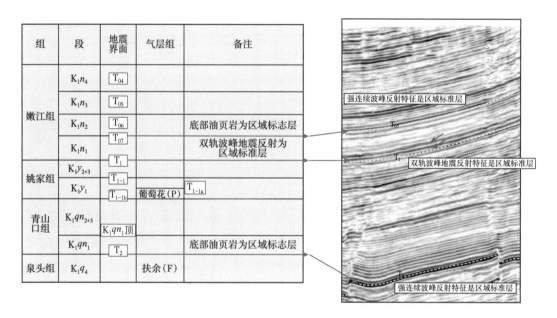

图 3-3-5　地震、地质对应关系图

2. 井震结合统层对比

地质分层往往以钻井资料的岩性、旋回性特征和测井资料测井相应特征为主，但在工区范围较大时，特别是地层的厚度变化较大，砂岩的发育特征变化明显时，仅仅依靠钻井和测井资料开展统层对比就会出现问题，这就需要建立对应的地震解释骨架剖面，将分层数据叠加在地震数据上，根据地震资料反映的地层厚度、构造高低等宏观信息检查分层是否正确，并做出相应的修改，这样才能保证全区统层对比的可靠性，建立准确的地层框架和沉积模式。

利用合成地震记录，进行层位标定，是地震与地质相结合的重要途径，是进行地震－地质层位标定的重要手段。井震联合统层的目的就是为了能更好地将钻井地质分层和地震反射界面对应统一起来，以便于利用地震信息解译地质信息时，能准确地利用已钻井地质资料建立地震识别模式。

本次井震统层对比，以 C1、C2、C3、A7、A8、A1、A3 这 7 口井为参考标准，在统一标准井的连井剖面和井、震剖面特征的基础上，在全工区内建立了 11 条地震解释骨架剖面和统层对比骨架剖面，经过反复调整，最终达到井震统一、全区闭合。从地震地质解释剖面上看，各层段分层数据与层位追踪对应性好，一致性强，没有穿层和高低跳动的现象，四站工区标准井连井对比剖面、地震解释剖面如图 3-3-6 所示。

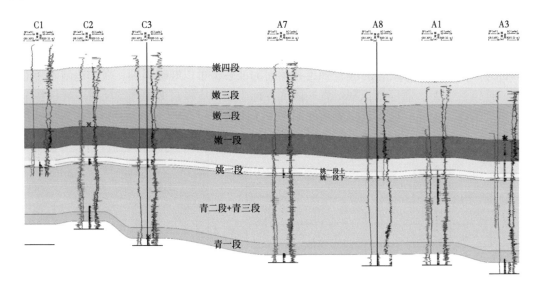

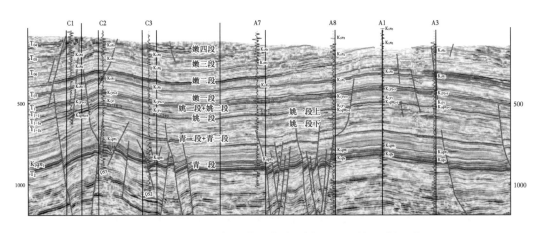

图 3-3-6　四站工区标准井连井对比剖面、地震解释剖面图

三、小层细分对比

考虑到地层厚度的因素和砂体的沉积特点，将葡一组油层分为 PI1 砂层组和 PI2 砂层组 2 个小层，上、下两段特征明显，分别为两组反旋回。从地层对比分析结果来看，四站气藏气层发育 PI1 砂层组底部和 PI2 砂层组，砂组相互叠置，没有明显的隔层。整体上 PI2 砂层组砂岩较发育，厚度大，PI1 砂层组砂岩不十分发育，以薄层砂岩为主，适合建库的层段为 PI2 砂层组，A5—A3—A2 井连井对比剖面图如图 3-3-7 所示。

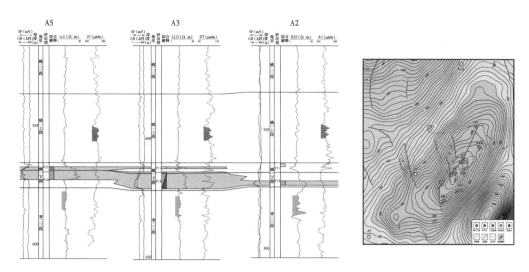

图 3-3-7　A5—A3—A2 井连井对比剖面图

第四节　构造精细解释

一、层位标定

利用合成地震记录，进行层位标定，是地震与地质相结合的重要途径，是进行地震 – 地质层位标定的重要手段。

层位标定主要在 LandMark 中制作地震合成地震记录，并结合 Jason 软件的合成地震记录标定相互检验。在利用声波、密度、电阻率、自然伽马等测井曲线进行了全区地层对比的基础上，分析各层顶底界面的声波特征，应用雷克子波，制作各井的合成地震记录（图3-4-1）。

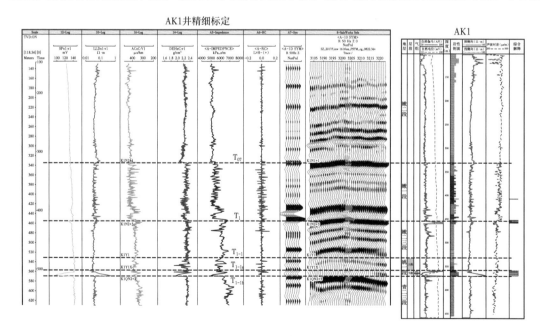

图 3-4-1　AK1 单井合成地震记录图

在各大层精细标定基础上，对姚家组气层组、下部青山口组隔层、上部嫩江组盖层地层进行了井震精细桥式标定。通过桥式标定明确了气层组岩、电、震对比关系。

二、地震界面反射特征

1. 嫩江组井震特征

嫩一段顶面（T_{07}）：顶界面 T_{07} 区域标志层，强连续波峰反射；嫩一段底界面 T_1 区域标准层，强连续波峰反射，嫩一下部由于存在薄层油页岩，底部形成双轨波峰反射，是全盆地的解释标准层，T_1 反射层对应的是双轨下波峰（图3-4-2）。

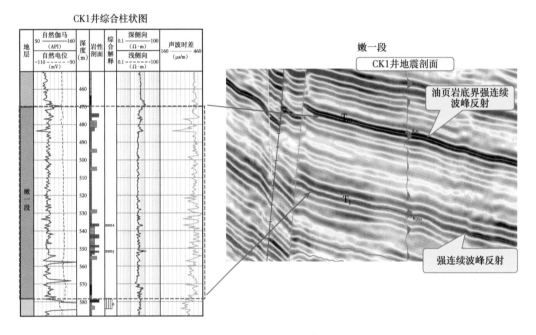

图3-4-2　嫩一段井震特征图

2. 姚家组井震特征

姚二段＋姚三段顶面（T_1）：顶面标准层 T_1 反射层，对应双轨中强连续波峰反射第二波峰，可连续自动追踪，底面姚一段顶面，本次研究标定特征选择波谷反射；姚二段＋姚三段钻井岩性以紫红色泥岩和粉砂质泥岩，反映稳定的滨浅湖相（平原淤积相）特征，地震波组特征表现平行层状连续反射（图3-4-3）。

姚一段界面（T_{1-1}、T_{1-1a}、T_{1-1b}）：顶面为中—弱连续波谷反射，可连续追踪，底面为葡萄花气层组底面，对应波谷反射，姚一下亚段顶面（T_{1-1a}）对应中—强较连续波峰反射，在含气砂岩发育区，波峰能量减弱，受砂体厚度变化影响，同相轴能量强弱变化，并有间断；底部 T_{1-1b} 反射层位中—强连续波谷反射，可连续对比追踪（图3-4-4）。

3. 青山口组井震特征

青二段＋青三段顶面（T_{1-1b}）：底面为中—弱较连续波峰反射，可连续追踪，顶面为葡萄花气层组底面，对应波谷反射，青二段＋青三段内部成平行连续反射为主，反映稳定的湖相沉积（图3-4-5）。

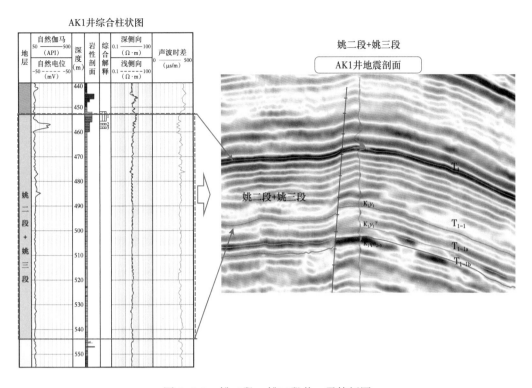

图 3-4-3 姚二段 + 姚三段井、震特征图

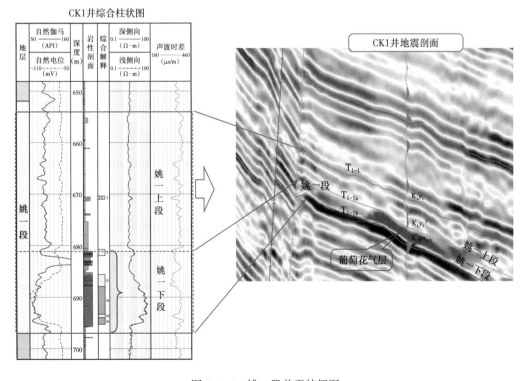

图 3-4-4 姚一段井震特征图

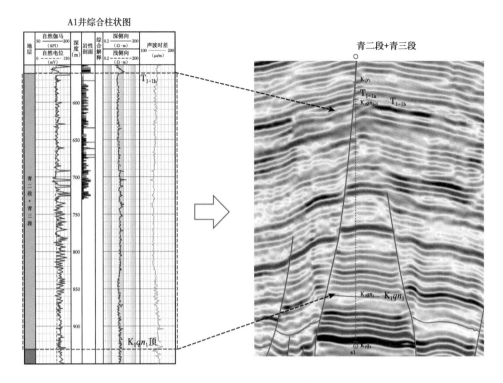

图 3-4-5　青二段、青三段地层井震特征图

三、断层解释

1. 断点解释

垂直切片上根据波组特征，同相轴的错断、扭曲、地层产状厚度的变化确定断点。水平切片上断点解释根据振幅值的连续性和极性特征，把振幅极性转换、扭曲、分叉、中断、走向突变、宽度突变点，解释为断点。同时，以相干水平切片为指导，断层逐条分色命名，保证断点解释归位合理（图 3-4-6）。

图 3-4-6　气层顶面等时相干切片 + 断点投影

2. 断点组合

在垂直切片上层间断点连续为一条断层的组合为同一断层。断点平面组合利用层位面积追踪的成果，提取地层倾角平面图、层剩余时差图、层振幅图。在倾角图上，倾角突变带出现相对密集的等值线，在层剩余时差图上时差值突变出现相对密集等值线，层振幅图上出现振幅异常、突变带断层的显示，根据断点解释成果，共同确定断点的平面组合和断层展布。

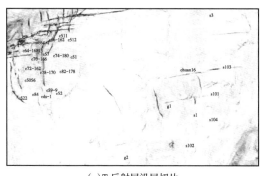

（a）T₁反射层沿层切片

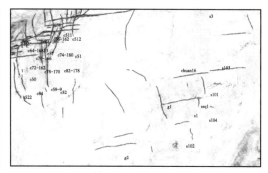

（b）T₁反射层沿层切片+断层平面组合

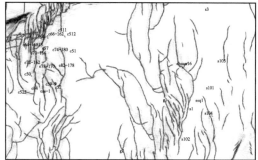

（c）T₂反射层沿层切片

（d）T₂反射层沿层切片+断层平面组合

图 3-4-7　沿层相干切片 + 断层 Polygon 叠合

四、层位追踪解释

层位追踪主要包括以下 6 个步骤：

（1）重点进行过井线和连井线剖面的解释及骨干网剖面的解释。

（2）使用剖面环状解释显示技术。将处在不同位置的多口井显示在一条剖面上进行对比解释，兼顾检查井间层位标定及交点层位断层闭合情况。

（3）使用剖面块漂移技术。比较断层两侧、凸起两侧及相距较远的两条剖面的地层厚度、波形特征和波组间关系等，提高了层位对比的精度和速度。

（4）区域标准层强连续稳定波峰、构造稳定区地震同相轴稳定相位连续，可采取"种子点"自动追踪解释方法，提高解释效率。

（5）应用系统中叠后处理及属性处理功能，对全区整块数据体进行滤波处理、三瞬处理（瞬时振幅、瞬时相位、瞬时频率）及反射强度提取等处理。部分处理对剖面的信噪比有不同程度地提高，部分处理使时间切片上断层变得清晰。对照处理前后的剖面进行资料解释，尽可能地避免了层位拾取偏离峰值，精确了断层的位置。

（6）全方位对三维数据体进行了立体解释显示。在三维数据体 x、y、z 三个方向动画显示解释层位及断层，检查层位及断层解释成果。

五、变速成图

三维速度场的建立包括以下 8 个步骤：

（1）加载原始叠加速度数据到模型中，利用立体显示，剖面显示，平面显示，观测速度的分布，检查畸异点，找出畸异点将畸异点剔除。

（2）输入解释层位建立构造模型，把速度模型与地震层位有机地结合起来，约束速度模型的建立。

（3）将叠加速度进行平滑，在层位约束下应用 DIX 公式。按一定的时间间隔（10ms）建立层速度速度场。

（4）转换瞬时速度到平均速度场。

（5）将编辑好的平均速度输出到 SeisWorks（一种地球科学的软件程序）中，进行适当的平滑生成平均速度体，如果速度体纵横向上变化都比较合理，则生成初始速度模型。

（6）提取各井点的平均速度，计算初始模型平均速度与合成记录标定速度误差，得到拟合速度。

（7）将井点拟合好的速度加到初始的平均速度模型中对初始速度模型校正，得到最终的速度模型。

（8）输出所建立的速度模型到 TDQ 中，进行时深转换。

从各层的等 T_0 图、平均速度图、构造图看出：速度平面图形态与 T_0 图相似，构造图与 T_0 形态相似，埋深是速度变化主要因素，速度场合理（图 3-4-8）。

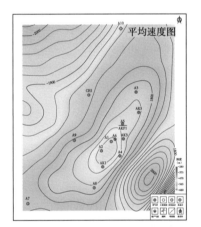
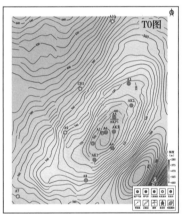
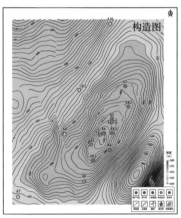

图 3-4-8　葡萄花气层顶面平均速度分析图

六、构造特征

四站气藏为北东—南西方向的长轴背斜构造，高点位于 A6 井东南 290m，高点埋深 -418m，闭合线深度 -510m，构造幅度 92m，圈闭面积 50.3km²。气藏内断层走向主要为北北西—近南北、延伸长度 0.5~2.0km，断距 4.0~10.0m。

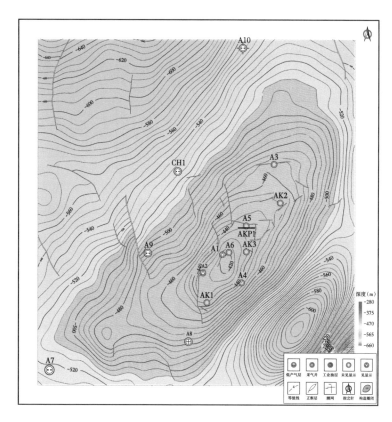

图 3-4-9　四站气藏葡萄花油层顶面构造图

表 3-4-1　四站气藏断层要素表

序号	断层名称	断开层位	断层走向	断层倾向	层位	延伸长度（km）	断距（m）	断层性质
1	F7	T_{05}—T_2	NNW	NNE	T_{1-1a}	3.0	25	反向正断层
2	F21	T_{07}—T_2	NNW	SSW	T_{1-1a}	0.9	9	顺向正断层
3	F25	T_1—T_2	NW	NE	T_{1-1a}	3.5	15	反向正断层
4	F26	T_1—T_2	N	E	T_{1-1a}	0.4	2	反向正断层
5	F27	T_1—T_2	N	W	T_{1-1a}	2.0	10	顺向正断层
6	F28	T_1—T_2	NNW	SSW	T_{1-1a}	1.5	4	顺向正断层
7	F30	T_1—T_2	NNW	SSW	T_{1-1a}	1.0	6	顺向正断层

序号	断层名称	断开层位	断层走向	断层倾向	层位	延伸长度（km）	断距（m）	断层性质
8	F31	T_1—T_2	NNW	SSW	T_{1-1a}	2.4	7	反向正断层
9	F32	T_1—T_2	N—NE	E—SE	T_{1-1a}	3.7	5	顺向正断层
10	F33	T_1—T_2	NNW	NNE	T_{1-1a}	1.6	9	反向正断层
11	F36	T_{1-1}—T_2	N	W	T_{1-1a}	0.7	5	反向正断层
12	F37	T_{1-1}—T_2	N	W	T_{1-1a}	1.3	3	顺向正断层
13	F45	T_{06}—T_{1-1b}	E	N	T_{1-1a}	0.5	2	顺向正断层
14	F46	T_{06}—T_{1-1b}	NNE	NNW	T_{1-1a}	1.2	3	顺向正断层
15	F63	T_1—T_{1-1b}	NW	SW	T_{1-1a}	0.3	2	反向正断层
16	F67	T_1—T_{1-1b}	NNE	NNW	T_{1-1a}	0.5	3	顺向正断层
17	F70	T_{1-1}—T_{1-1b}	NW	NE	T_{1-1a}	0.4	—	顺向正断层
18	F72	T_{1-1}—T_{1-1b}	NW	SW	T_{1-1a}	0.3	1	顺向正断层
19	F73	T_{1-1}—T_{1-1b}	NE	SE	T_{1-1a}	0.9	1	顺向正断层
20	F74	T_{1-1}—T_{1-1b}	E	N	T_{1-1a}	0.9	5	顺向正断层

第五节　储层精细描述

一、岩性特征

四站气藏地层属于白垩系姚家组一段，厚度 25~35m，埋深约 570m，储层为葡一组，厚度 8~10m。砂岩厚度 4~9m，岩性为夹泥岩的粉砂、细砂岩，有一定的非均质性，石英含量 35%，长石含量 41.5%，岩屑含量 23.5%，胶结物以泥质胶结为主，程度中等，以接触式胶结为主，孔隙类型为原生粒间孔。

二、沉积特征

1. 沉积环境
（1）泥岩颜色。

四站气藏地层中泥岩沉积广泛发育，包括泥岩和粉砂质泥岩两种类型。泥岩颜色主要有浅灰色、灰绿色—绿色、红色—紫红色三种颜色。因此葡萄花沉积时期主要为氧化—弱还原的沉积环境，反映了水下、水下交替、靠近湖岸线的沼泽或泛滥平原的沉积环境（图 3-5-1 和图 3-5-2）。

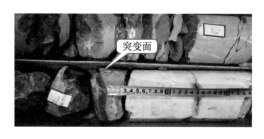

图 3-5-1　紫红色泥岩与灰色泥岩突变接触

图 3-5-2　紫红色泥岩为主，夹灰绿色泥岩

（2）岩石矿物组成。

碎屑成分主要为石英、长石和岩屑，此外含有少量的重矿物。矿物颗粒中石英的含量一般为20%~40%，长石和岩屑含量较高，为60%~80%，砂岩多为长石岩屑砂岩和岩屑砂岩。岩石中石英多为单晶石英，部分具有波状消光特征，长石以正长石为主，斜长石次之；岩屑成分复杂，主要有花岗岩、流纹岩、安山岩、片岩、石英岩等。重矿物常见的有锆石、白钛石、石榴子石、磁铁矿、磷灰石、绿帘石等。

（3）岩石结构与构造。

区内岩石粒度主要为细砂岩、砂岩、粉砂岩和泥岩；岩石分选中等；圆度以次棱角—次圆最为常见，磨圆程度中等。岩石以颗粒支撑为主。说明储层砂体经受了中长距离搬运。

①冲刷侵蚀面。

通过该岩心观察发现，研究区冲刷侵蚀构造较发育，在冲刷侵蚀界面之上，岩石粒度明显变粗，冲刷面可代表一个不同程度的侵蚀间断面；该类沉积构造主要发育在三角洲平原分流河道底部（图 3-5-3）。

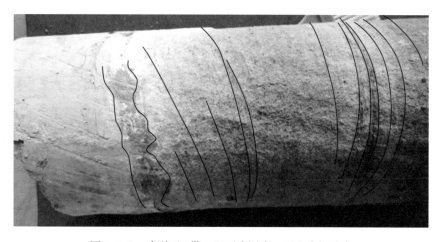
图 3-5-3　冲刷面 / 带，以下为泥岩，以上为细砂岩

②砾石定向排列。

砾石定向性排列特征是沉积相识别与划分的主要标志之一，砾石的定向排列方式一般包括叠瓦状、局部叠瓦状和平行层面状三种类型，研究区葡萄花气层部分井段砾岩可见明显的顺层定向排列特征，反映水流流速较强的三角洲分流河道沉积（图 3-5-4）。

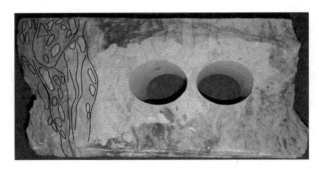

图 3-5-4　粉砂岩底见冲刷面，小砾石定向排列

③层理构造。

a. 平行层理。

平行层理主要由平行而又几乎水平的纹层状砂组成，它是在较强的水动力条件下流动水作用的产物，而非静水沉积。这种层理的特点是由颗粒大小不同的纹层叠覆，研究区中多出现于河道砂岩中（图 3-5-5）。

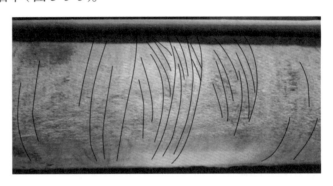

图 3-5-5　细砂岩，见平行层理与斜层理

b. 水平层理。

水平层理的最大特点是纹层呈直线状互相平行，并且平行于层面。其主要出现在灰色泥岩、深灰色泥岩、粉砂质泥岩中，一般反映较弱水动力条件下细粒沉积物不断沉降的过程。从沉积环境来看，其主要发育于（水下）分流间湾弱水动力环境（图 3-5-6）。

图 3-5-6　灰色泥岩，见水平层理

④生物成因构造。

生物成因构造是指生物由于活动或生长而在沉积物表面或内部遗留下来的各种痕迹。通过对取心井的观察，获得了大量的植物根迹化石信息。植物根迹化石是陆相沉积识别的可靠标志，一般包括炭化植物根迹以及煤线等，它是区别三角洲平原沉积和三角洲前缘沉积的主要标志之一。研究区葡萄花气层取心井段主要发育植物炭屑，硬度小于指甲硬度，为沼泽或泛滥平原沉积环境（图3-5-7）。

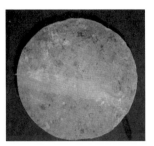

（a）植物炭屑，硬度小于指甲硬度　　　（b）植物根茎印痕，含大量炭屑

图3-5-7 植物炭屑类型及特征

2. 微相类型

在岩心资料分析的基础上，建立了单井岩心沉积相模式与测井相，开展全部单井微相划分。其中葡萄花油层为三角洲平原亚相过渡为三角洲前缘亚相沉积，三角洲平原亚相主要发育主体河道、非主体河道、决口扇、天然堤4种沉积微相（图3-5-8），三角洲前缘亚相主要发育水下分流河道、河口坝、席状砂、水下分流间湾4种沉积微相（图3-5-9）。

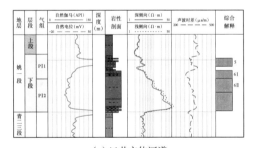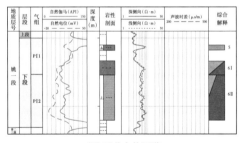

（a）A1井主体河道
主体河道；曲线：高幅度箱型、钟型；岩性：粉砂岩、细砂岩

（b）A2井主体河道
主体河道；曲线：高幅度箱型；岩性：粉砂岩、细砂岩

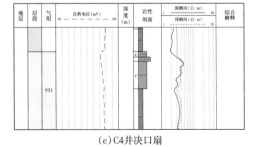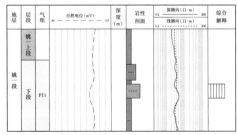

（c）C4井决口扇
决口扇；曲线：中低幅漏斗型；岩性：（泥质）粉砂岩

（d）A11井天然堤
天然堤；曲线：中低幅钟型；岩性：（泥质）粉砂岩

图3-5-8 三角洲平原亚相单井微相划分模式图

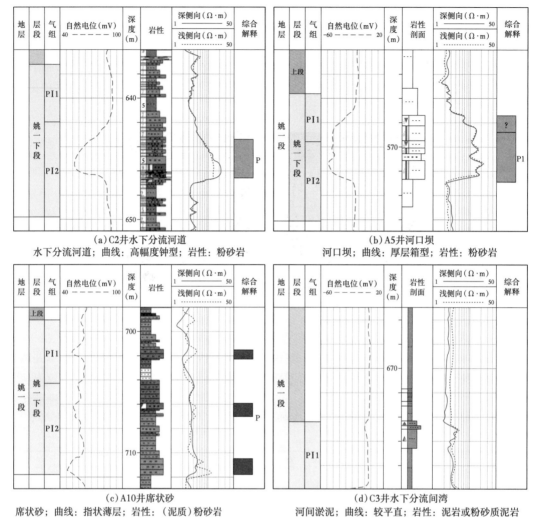

(a) C2井水下分流河道
水下分流河道；曲线：高幅度钟型；岩性：粉砂岩

(b) A5井河口坝
河口坝；曲线：厚层箱型；岩性：粉砂岩

(c) A10井席状砂
席状砂；曲线：指状薄层；岩性：（泥质）粉砂岩

(d) C3井水下分流间湾
河间淤泥；曲线：较平直；岩性：泥岩或粉砂质泥岩

图 3-5-9　三角洲前缘亚相单井微相划分模式图

3. 沉积相展布特征

（1）PI1 小层沉积微相展布认特征。

四站气藏 PI1 砂层组沉积时期处于三角洲平原与三角洲前缘的过渡带，主要发育一条河道，河道延伸长度 10km 左右，河道宽度 550~1600m，河道在气藏北部分叉成两条，其中一条在研究区南部入湖，入湖后继续延伸，沿河道发育河漫滩，研究区南部发育席状砂，砂岩厚度一般 1.0~3.2m，四站气藏 PI1 砂层组沉积相图如图 3-5-10 所示。

（2）PI2 小层沉积微相展布特征。

四站气藏中北部主要为三角洲平原亚相，发育 6 条河道，其中 3 条为主体河道，3 条为非主体河道，河道整体呈近南北向展布，单河道宽度 300~700m，其中西部主体河道沿 CH1-A2-AK1 井一线展布，中、东部两条主体河道在四站主体区块交汇，宽度 900~1200m。河道控制四站气藏砂体的沉积规模，沿河道发育天然堤和决口扇，砂岩厚度 4~7m，四站气藏 PI2 砂层组沉积相图如图 3-5-11 所示。

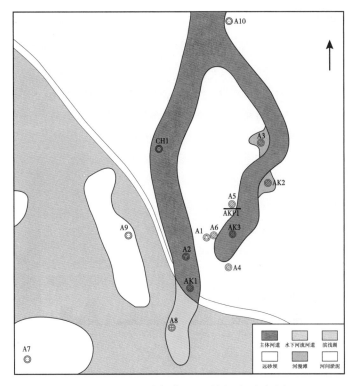

图 3-5-10　四站气藏 PI1 砂层组沉积相图

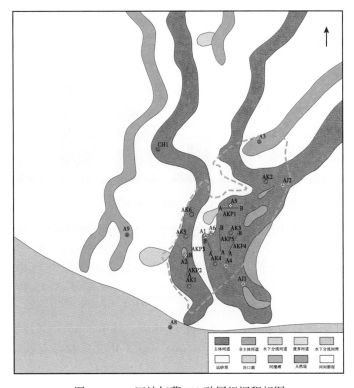

图 3-5-11　四站气藏 PI2 砂层组沉积相图

三、储层物性特征

四站气藏葡一组岩心物性分析样品共 97 块，储层孔隙度分布在 9.7%~30.7%，主要分布在 15%~30%，占比 84.5%，平均孔隙度为 22.6%；空气渗透率分布在 1.09~1642mD，分布在 1~50mD 的样品占比 38%，大于 300mD 的样品占比 35%，平均空气渗透率为 340.1mD（图 3-5-12 和图 3-5-13）。

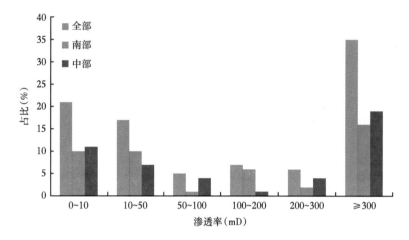

图 3-5-12 四站气藏储层岩心分析渗透率分布柱状图

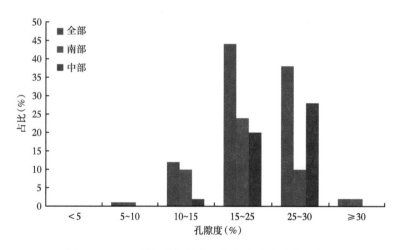

图 3-5-13 四站气藏储层岩心分析孔隙度分布柱状图

通过建立储层物性测井解释图版，利用测井资料对储层物性进行评估。四站气藏葡一组储层测井解释孔隙度为 19.7%~28.0%，平均孔隙度 25.5%；测井解释渗透率 5.33~339.7mD，平均渗透率 146.3mD。

通过单井试井解释对储层有效渗透率进行分析。其中，A5 井试井解释有效渗透率为 123mD，AK1 井试井解释有效渗透率为 87mD，AK3 井试井解释有效渗透率为 15.7mD，A6 井试井解释有效渗透率为 3.53mD。

由于岩心取样块数较少，尽管个别样品渗透率较高，但不能代表整个气藏整体物性特征，测井解释物性参数更全面，更具有代表性，综合评价四站气藏属于中孔隙度、中渗透储层。

四、储层非均质性

储层非均质性一般受到储层物性、岩性、厚度、沉积环境等因素的控制，其中储层物性是四站气藏储层非均质性的主要影响因素。

四站气藏储层层内渗透率变异系数为1.14，渗透率级差为1506.42，渗透率突进系数为4.77，反映了储层具有较强层内非均质性（表3-5-1）。从研究区储层渗透率平面分布图上可以看出，储层渗透率在平面上存在局部的高渗透区和低渗透区。受沉积环境的影响，河道末端的储层渗透率低于河道中段储层渗透率，而位于同一河道内邻近的两口井A1井测井解释渗透率92.56mD，A6井测井解释渗透率5.33mD，也表明研究区储层具有一定的平面非均质性（图3-5-14和图3-5-15）。

表3-5-1　四站气藏葡一组储层非均质性指标数据表

指标名称	数值	评价标准
渗透率变异系数（V_k）	1.14	$V_k < 0.5$，反映非均质程度弱； $V_k=0.5{\sim}0.7$，非均质程度中等； $V_k > 0.7$，非均质程度强
渗透率级差（J_k）	1506.42	渗透率级差越大反映非均质性越强
渗透率突进系数（T_k）	4.77	$T_k < 2$，反映非均质程度弱； $T_k=2{\sim}3$，非均质程度中等； $T_k > 3$，非均质程度强

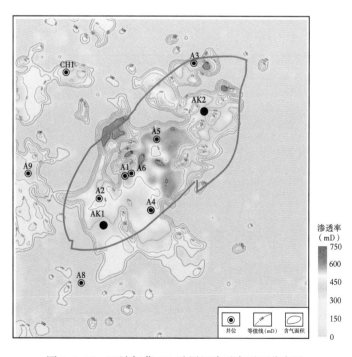

图3-5-14　四站气藏PI2砂层组渗透率平面分布图

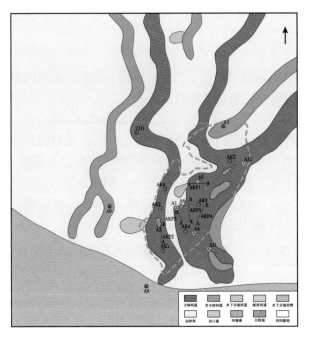

图 3-5-15　四站气藏 PI2 砂层组沉积微相图

五、储层展布特征

1. 砂体展布特征

根据单井钻遇砂岩厚度绘制砂岩厚度平面分布图。

PI1 砂层组：除 A4 井外都有钻遇，但砂层整体厚度不大，厚度最大的井为 AK1 井，为 3.2m（图 3-5-16）。

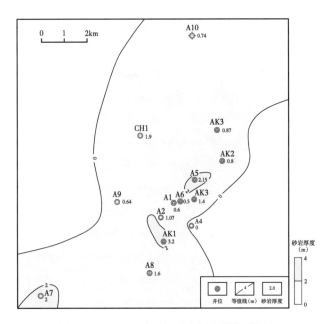

图 3-5-16　PI1 砂层组砂岩厚度等值线图

PI2 砂层组：主要分布在气藏范围及以北，向南部尖灭，向北部减薄，砂层整体厚度大，厚度最大的井为 AK3 井，为 9.0m，其余大部分井在 5m 以上（图 3-5-17）。

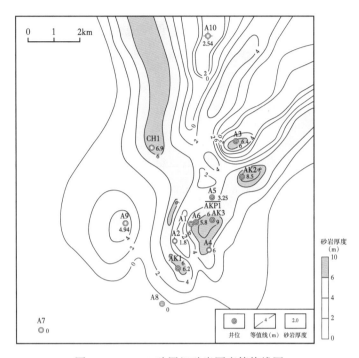

图 3-5-17　PI2 砂层组砂岩厚度等值线图

2. 有效储层展布特征

结合有效储层的井震特征，本次将采用高分辨率叠前地质统计学反演预测有效储层的分布及厚度。

叠前地质统计学反演是一种新的油藏综合描述技术，它将叠前同时反演和地质统计学技术融合在一起，利用部分叠加数据体和岩相、测井曲线、概率分布函数、变差函数等信息，采用马尔科夫链蒙特卡洛算法来获得可靠的储层空间分布。该方法首先建立精细的地质框架模型和岩石物理模板，通过对井资料和地质信息的分析后获得概率分布函数和变差函数，其中概率分布函数描述的是特定岩性和对应的岩石物理参数分布的可能性，而变差函数描述的是横向和纵向地质特征的结构和特征尺寸；其次，马尔科夫链蒙特卡洛算法根据概率分布函数能够得到多种类型的结果，如岩性体；通过反复迭代计算，保证最终的岩性模拟所对应的合成地震记录必须和实际的各个部分叠加地震数据有很高的相似性。

通过岩石物理分析可知，对有效储层较为敏感的弹性参数有两种：纵横波速度比和泊松比。其中，油气层表现为低纵横波速度比、低泊松比，水层次之，干层及泥岩表现为高纵横波速度比，高泊松比特征。进一步对比可知，纵横波速度分辨有效储层最为敏感，以纵横波速度比小于 1.82 为门槛值，可以有效地把油气层和水层、干层和泥岩等非储层区分开来。

从纵横波速度比反演剖面可以看出，有效储层与水层、干层等非储层分辨清楚，反演剖面暖色调代表有效储层，冷色调代表水层、干层等非储层。反演的有效储层与已知井上的测井解释成果和曲线吻合较好，剖面上有效储层展布特征明显（图 3-5-18）。

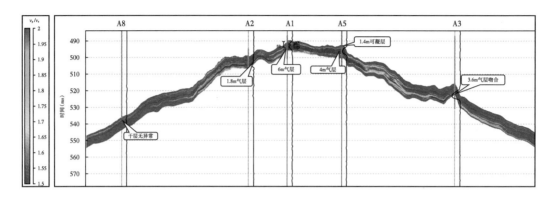

图 3-5-18　四站气藏葡萄花气层叠前有效储层（V_p/V_s）连井反演剖面图

根据单井钻遇有效厚度及有效储层反演成果绘制砂岩厚度平面分布图。

PI1 砂层组有效储层不发育，共有 3 口井钻遇有效厚度，厚度范围 0.8~2.15m，PI1 砂层组预测有效厚度与单井钻遇情况吻合较好，平面上表现为有效厚度分布较零散，规模小。

PI2 砂层组有效储层相对发育，有 9 口井钻遇有效储层，厚度范围为 1.8~9.8m，以 2~5m 为主。PI2 砂层组地震反演预测有效厚度与井口吻合较好，有效厚度预测绝对误差小于 0.5m。平面上来看 PI2 砂层组有效厚度相对发育，呈近似南北向条带展布，有效储层的分布总体受构造、断层、岩性等因素的综合控制（图 3-5-19 和图 3-5-20）。

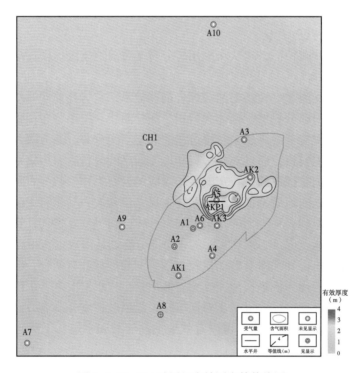

图 3-5-19　PI1 砂层组有效厚度等值线图

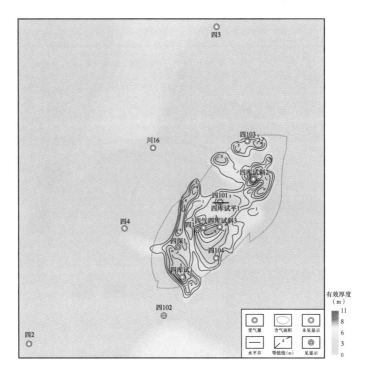

图 3-5-20　PI2 砂层组有效厚度等值线图

第六节　气藏特征研究

一、地层温度与压力

四站气藏葡萄花油层原始地层压力为 5.81~6.0MPa，温度为 37.5℃，深度为 570.1~ 625.5m，压力系数为 0.96~1.02，温度梯度为 6.0℃/100m，为正常压力、温度系统。

二、流体性质

四站气藏葡萄花油层天然气相对密度 0.5890，甲烷含量 91.690%，乙烷 0.280%，丙烷 0.025%，丁烷 0.021%，氮气 7.520%，二氧化碳 0.260%，干燥系数为 285.9~312.3。研究认为，葡萄花油层天然气成因类型为青山口组低成熟油型气。气藏地层水氯离子含量 11074.81mg/L，总矿化度为 19427.63mg/L，水型为 $NaHCO_3$ 型。

三、气藏类型

四站气藏背斜核部 A2 井砂体厚度明显减薄，只有 1.8m，向西翼砂体尖灭，气藏边界受砂体发育范围的控制，东翼 A4 井气层厚度 6.0m，储层发育，气层井顶深 576.6m，海拔 -450.0m，试气日产气 35600m³，日产水 54.8m³，试气期间累计产水 168.63m³，反映气藏西翼受河道控制，东翼受构造控制，属于典型的岩性—构造气藏（图 3-6-1）。

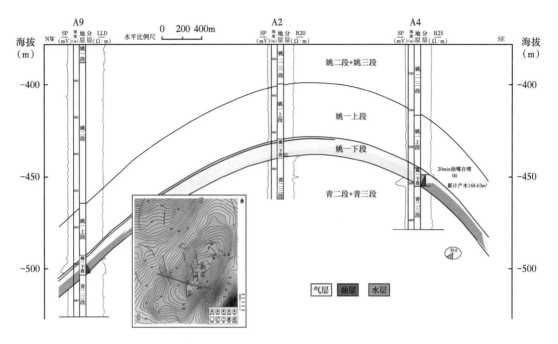

图 3-6-1　A9—A2—A4 井气水界面剖面图

对区块内见水气井进行分析可知，气藏两翼气水界面不完全一致。A4 井日产水 54.8m³，产水量大，将 A4 井区气水界面深度定在 -453m 左右；A3 井日产水 28.8m³，产水量较大，因此将 A3 井区气水界面深度定在 -472m 左右（图 3-6-2）。

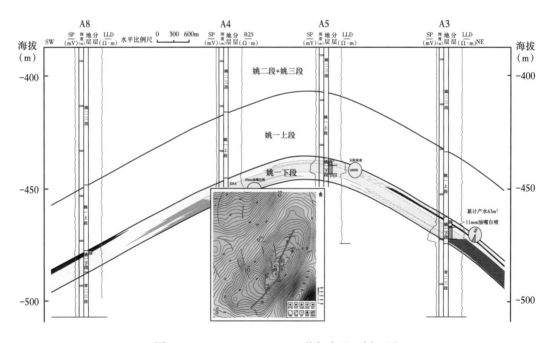

图 3-6-2　A8—A4—A5—A3 井气水界面剖面图

第七节 地质储量复算

一、气藏连通性分析

从四站气藏葡萄花油层历年地层压力测试结果可知，四站中部区带 A5 井、A6 井地层压力同步下降，表明两井间连通性较好。同时，在注采试验期间 AK3 井注气时，A5 井地层压力由 1.85MPa 升至 1.96MPa，地层压力同步上升，证实 A5 井与 AK3 井连通（图 3-7-1 和图 3-7-2）。综上所述，四站气藏中部区具有较好的连通性。

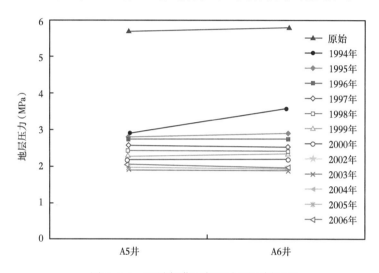

图 3-7-1　四站气藏历年压力测试剖面图

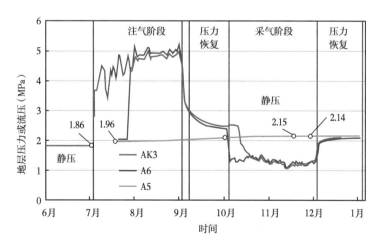

图 3-7-2　四站气藏注采试验阶段单井地层压力变化

2018 年北部区 A3 测压值为 5.298MPa，2019 年中部区 AK3 井测压值为 2.06MPa，南部区 AK1 井测压值为 4.64MPa，结果表明四站气藏北部区与中部区不连通，南部区与中部区为弱连通（图 3-7-3）。

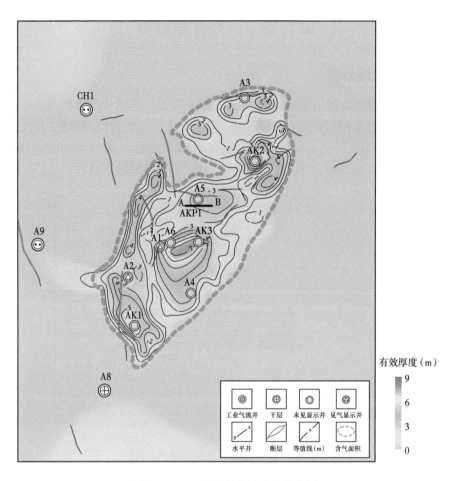

图 3-7-3　四站气藏先导试验井位图

根据四站气藏砂体展布及储层连通性特征，将四站气藏划分为北部、中部、南部 3 个区块（图 3-7-4）。

二、储量复算

1. 含气面积

四站气藏在葡萄花油层顶面构造上圈定含气边界，根据最新地震储层预测成果圈定。

2. 有效厚度

四站气藏由于葡萄花油层仅有 7 口井达工业气流，试气、岩心均比较少，因而无法制定有效厚度物性及电性标准。根据试气、岩心资料进行对比分析，认为泥质粉砂岩及以上岩性的砂层，是可以储气的。以岩心为主，结合测试、电测资料综合确定单井气层有效厚度。气藏平均有效厚度采用面积权衡法计算。

3. 有效孔隙度

四站气藏葡萄花油层单井有效孔隙度采用电测解释方法确定，气藏平均有效孔隙度采用算术平均法确定。

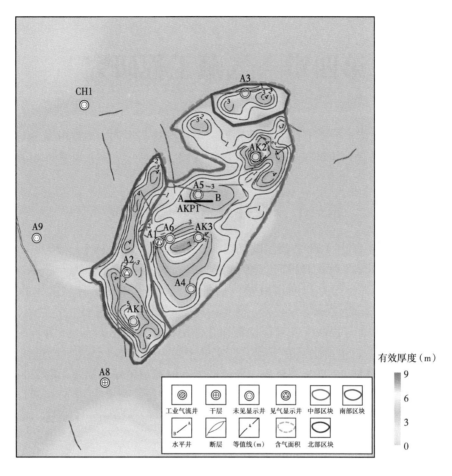

有效厚度（m）

图 3-7-4　四站储气库区带划分图

4. 含气饱和度

四站气藏没有密闭取心井，试气资料也比较少，因此无法采用岩心资料来确定含气饱和度。采用电测解释来确定四站气藏葡萄花油层单井含气饱和度。应用阿尔奇公式进行解释，a、b、m、n 等参数根据大庆长垣葡萄花油层选取。气藏平均含气饱和度采用算术平均法确定。

5. 天然气偏差系数

天然气偏差系数采用试气资料分析来计算得到。

6. 储量计算

天然气地质储量采用容积法计算。

第四章　气藏工程研究

建库方案设计前需对气藏开发历程及先导试验概况进行说明，对老井及先导试验井试气和生产情况进行描述，并对气藏动态储量进行评价，为后续方案设计中库容参数指标的制定提供依据。

第一节　老井试气及生产简况

A5 井于 1989 年 11 月 1 日完钻，试气时日产量介于（7.61~18.3）×10⁴m³，无阻流量 33.8×10⁴m³/d。1990 年 11 月 1 日投产，整个生产阶段产量下降较快，日产量从 7.02×10⁴m³ 降至 0.446×10⁴m³，油套压力初期递减快，后期稳定在 1.8MPa 左右。建库前累计产气 1.44×10⁸m³，累计产液 53.27m³。

A6 井于 1994 年 2 月投产，开采层位葡萄花油层，1994 年 8 月与 A5 井同时测压，地层压力均为 2.9MPa，且生产中互有干扰，证实处于同一个砂体，该井日产量在 0.3×10⁴m³ 左右。该井已于 2002 年 12 月关井至今，累计产气 0.0432×10⁸m³，累计产液 2.04m³。

A3 井于 1990 年 7 月 2 日完钻，射开层位葡萄花油层，射孔井段 614~621.2m，射开厚度 7.2m，有效厚度为 6.0m，试气时日产量介于（1.8~3）×10⁴m³，日产水 18.5~28.8m³，无阻流量 6.9×10⁴m³/d，未投产（图 4-1-1）。

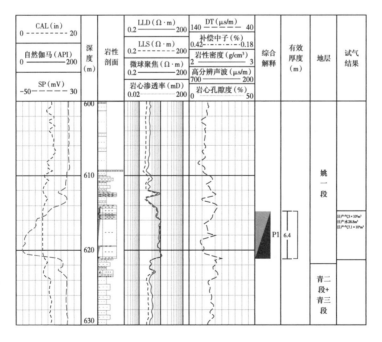

图 4-1-1　A3 井综合柱状图

A4 井于 1990 年 11 月 17 日完钻，射开层位葡萄花油层，射孔井段 575.5~581.5m，射开厚度 6.0m，有效厚度 5.0m，试气时日产量 $3.57×10^4m^3$，日产水 54.8m³，无阻流量 $3.6×10^4m^3/d$，未投产（图 4-1-2）。

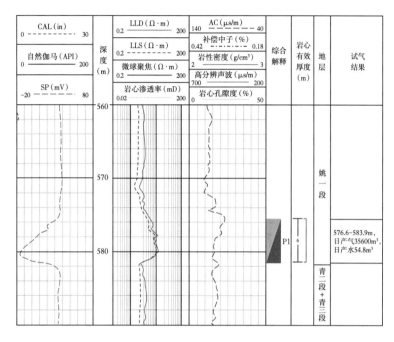

图 4-1-2 A4 井综合柱状图

A2 井于 1985 年 10 月 30 日完钻，有效厚度为 1.8m，葡萄花油层未试气，未投产（图 4-1-3）。

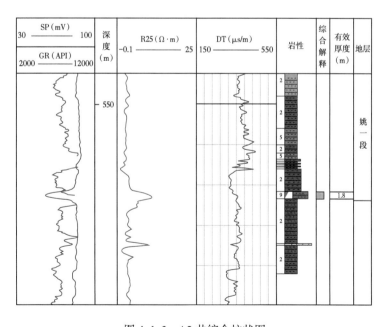

图 4-1-3 A2 井综合柱状图

A1 井于 1985 年 11 月 24 日完钻, 井深 1267.0m。完井方法为油层套管, 井底地层为泉三段。该井套管尺寸 139.7mm, 壁厚 7.72mm, 阻流环深 1249.53m, 水泥返深 926.0m。1986 年 1 月对该井进行了修井作业, 主要目的是将 550~570m 和 705~713m 这两个气层上、下分隔开, 以便于本井的试油。1990 年 9 月 2 日进行试气, 试气层位为扶余油层。试气的两层结论为水层和干层。试气后向井内灌柴油 200L, 用封井阀封井至今。葡萄花油层未试气 (图 4-1-4)。

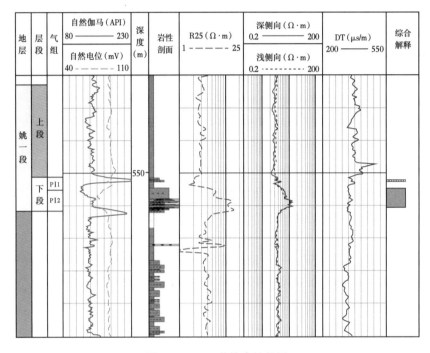

图 4-1-4 A1 井综合柱状图

第二节 气藏开发及先导试验简况

一、气藏开发简况

A5 井 1990 年 11 月投入开发, 1994 年 1 月在 A1 井附近钻 A6 井, 1 月底投产, 2002 年底计划关井至今。该气田初期地层压力 5.81MPa, 目前 1.85MPa, 初期日产气 7.02×10⁴m³/d。截至建库前, 开井 1 口 (A6 井), 单井日产气为 0.49×10⁴m³, 累计采气量 1.48×10⁸m³ (图 4-2-1), 单位压降采气 3611×10⁴m³。

二、先导试验注采动态评价

1. 试验井试气特征

AK1 井于 2019 年 4 月 24 日—27 日对 5 号层 (559.6~561.2m)、6 Ⅰ 号层 (562.0~563.6m)、6 Ⅱ 号层 (563.6~569.8m) 进行试气, 射孔厚度 9.4m, 试气压力为 5.02MPa/564.7m, 日产天然气 16.7×10⁴m³, 证实为工业气层, 试气无阻流量为 22.3×10⁴m³/d (图 4-2-2 和图 4-2-3)。

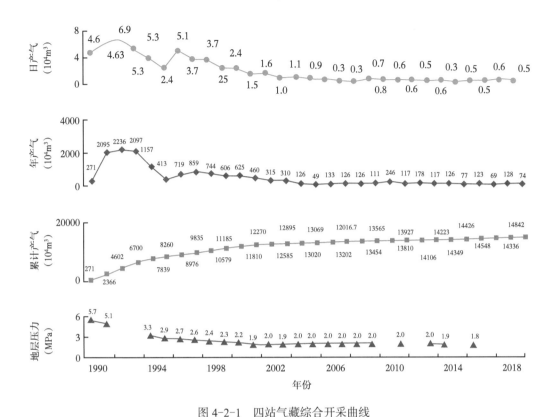

图 4-2-1 四站气藏综合开采曲线

地层	深度 (m)	岩性剖面	气测渗透率 (mD) 0.001—10	气测全烃		自然伽马 (API) 0——300 自然电位 (mV) 0——150	深侧向 (Ω·m) 0.1——100 浅侧向 (Ω·m) 0.1——100	密度 (g/cm³) 1.5——3 中子 (%) 65——-10 声波时差 (μs/m) 100——500	解释层号	厚度	测井解释	录井解释	综合解释
				最大值	比值	井径 (in) 0——30							
K₁y₁	555 560 565 570			6.91	30.0				5 6I 6II	1.6 1.6 6.2	5 6I 6II	5 6I 6II	5 6I 6I

图 4-2-2 AK1 井综合柱状图

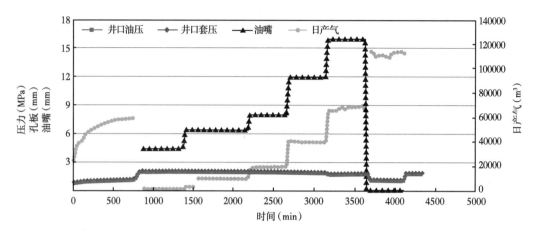

图 4-2-3　AK1 井试气求产曲线图

AK2 井于 2019 年 4 月 9 日至 2019 年 4 月 14 日对 6 I 号层（583.4~585.4m）、6 II 号层（585.4~592.0m）进行试气，射孔厚度 8.6m，RFT 测压值为 2.6MPa，日产水 9m³，证实为水层，产出水氯离子矿化度为 11100mg/L，总矿化度为 19700mg/L，判断为地层水（图 4-2-4）。

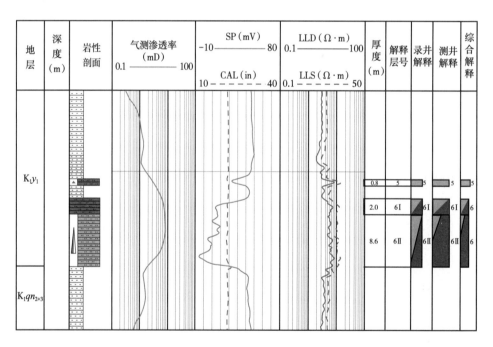

图 4-2-4　AK2 井综合柱状图

AK3 井于 2019 年 5 月 30 日至 2019 年 6 月 1 日对 6 I 号层（569.6~573.2 m）、6 II 号层（573.2~573.8m）、6 III 号层（573.8~577m）、7 号层（577.8~578.6m）进行试气，射孔厚度 8.2m，试气压力为 1.9MPa，日产天然气 1.33×10⁴m³，证实为工业气层，试气无阻流量为 1.53×10⁴m³/d（图 4-2-5 和图 4-2-6）。

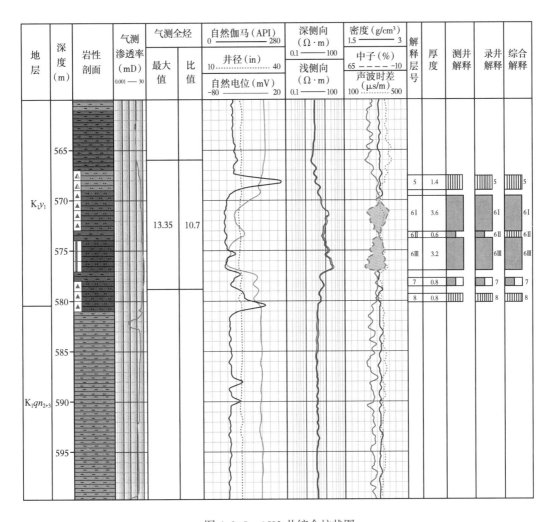

图 4-2-5　AK3 井综合柱状图

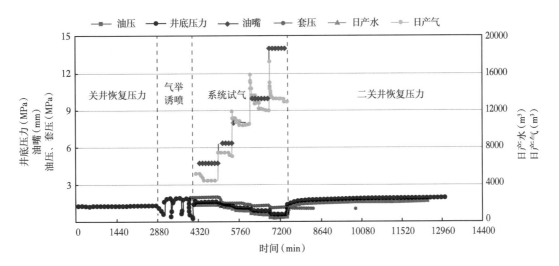

图 4-2-6　AK3 井求产曲线图

AKP1 井于 2020 年 3 月 9 日至 2020 年 3 月 12 日对 8Ⅰ、8Ⅱ、8Ⅲ、8Ⅳ、8Ⅴ、8Ⅵ、8Ⅶ号层井段进行合试，水平段长度 500m，试气压力 2.15MPa，日产天然气 $11.3 \times 10^4 m^3$，证实为工业气层，试气无阻流量为 $15.3 \times 10^4 m^3/d$（图 4-2-7 和图 4-2-8）。

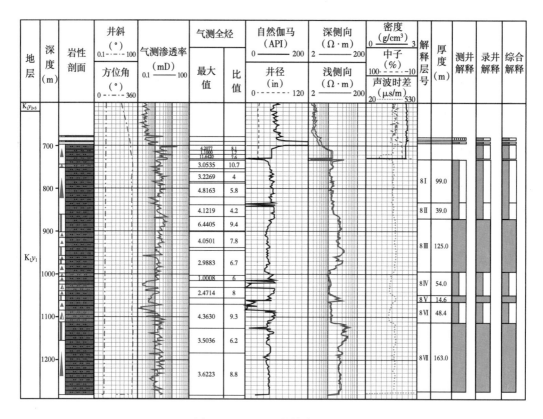

图 4-2-7　AKP1 井综合柱状图

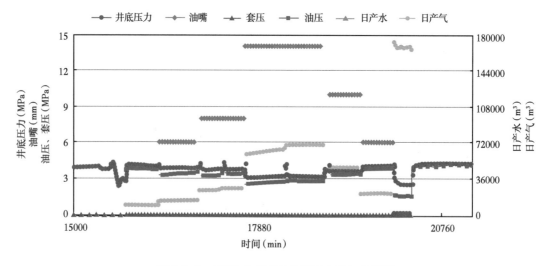

图 4-2-8　AKP1 井求产与井底压力叠加曲线图

2. 试井解释

AK1 井选用"均质 + 交错断层气藏模型",解释得到地层系数为 539mD·m,有效渗透率为 87mD,末期表皮系数为 2.34,反映储层物性好,但井筒附近存在污染并且逐步解堵(图 4-2-9 和图 4-2-10)。

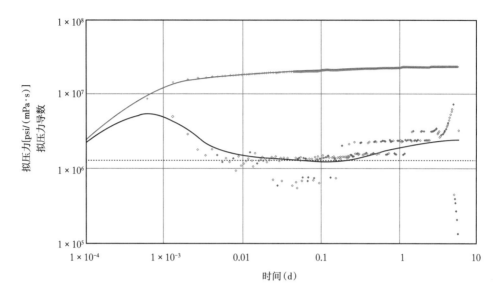

图 4-2-9 AK1 井双对数曲线拟合图版

1psi=0.006895MPa

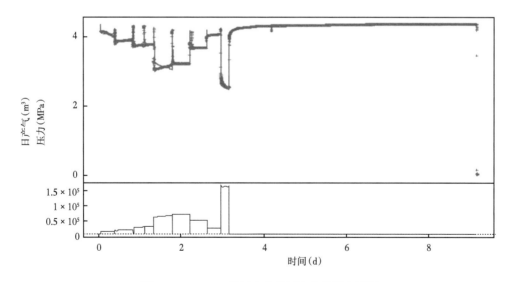

图 4-2-10 AK1 井压力产量历史曲线拟合图版

AK3 井选用"均质 + 一条断层气藏模型",解释得到地层系数为 107mD·m,有效渗透率为 15.7mD,总表皮系数为 -0.87,反映储层物性条件中等(图 4-2-11 和图 4-2-12)。

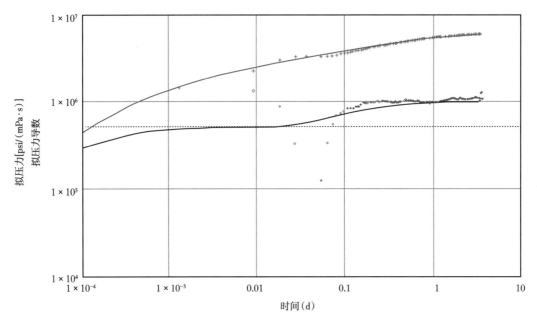

图 4-2-11　AK3 井双对数曲线拟合图版

1psi=0.006895MPa

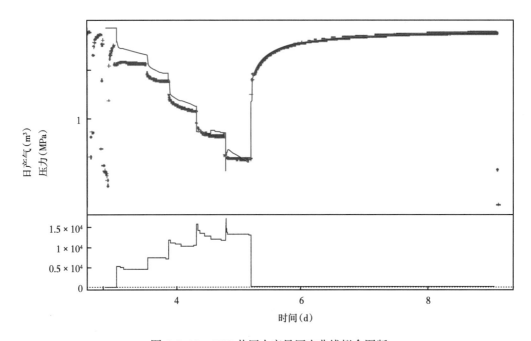

图 4-2-12　AK3 井压力产量历史曲线拟合图版

　　AKP1 井选用"均质气藏模型"，解释得到地层系数为 4890mD·m，有效渗透率为 272mD，总表皮系数为 8.34，反映储层存在一定的污染（图 4-2-13 和图 4-2-14）。

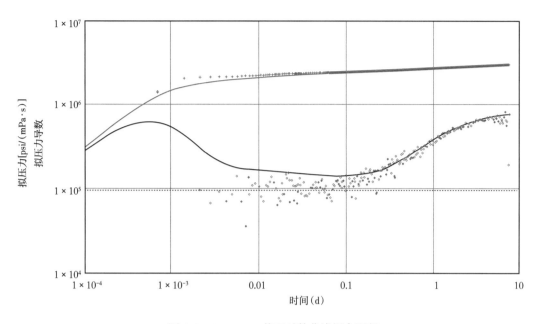

图 4-2-13 AKP1 井双对数曲线拟合图版

1psi=0.006895MPa

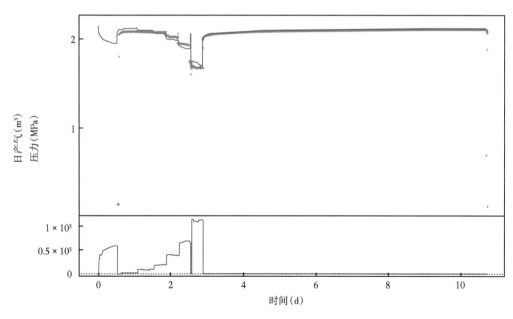

图 4-2-14 AKP1 井压力产量历史曲线拟合图版

3. 注采试验开采特征

为了落实气藏储层连通性、单井注采能力，2019 年 7 月在四站气藏开展注采试验（图 4-2-15）。

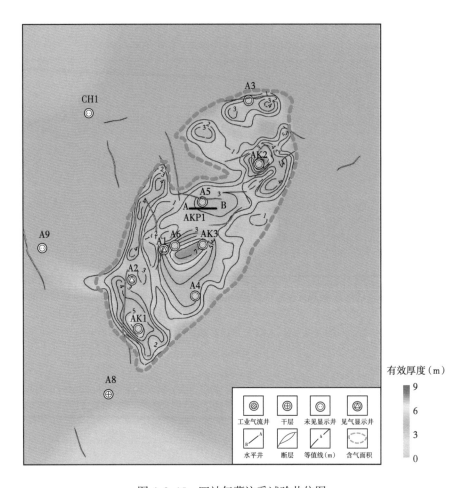

有效厚度（m）

工业气流井	干层	未见显示井	见气显示井
水平井	断层	等值线（m）	含气面积

图 4-2-15　四站气藏注采试验井位图

　　四站气藏中部区块 A6 井和 AK3 井于 2019 年 7 月 10 日至 2019 年 9 月 9 日注气 60 天，累计注气 $426.7×10^4m^3$，平均日注气 $7.9×10^4m^3$，地层压力由 1.86MPa 提高到 2.3MPa，其中 A6 井平均日注气 $2.3×10^4m^3$，AK3 井平均日注气 $5.6×10^4m^3$；2019 年 10 月 17 日至 2019 年 12 月 10 日采气 54d，累计采气 $89.6×10^4m^3$，平均日采气 $1.6×10^4m^3$，地层压力由 2.3MPa 下降到 2.15MPa，其中 A6 井平均日采气 $0.4×10^4m^3$，AK3 井平均日采气 $1.2×10^4m^3$。

　　由于四站气藏南部区块 AK1 井试气时测试地层压力为 4.64MPa，地层压力较高，证实南部区块为未动用区域，本次未进行注气试验，只进行采气试验。AK1 井于 2019 年 9 月 9 日至 2019 年 12 月 10 日采气 91d，累计采气 $781.9×10^4m^3$，平均日采气 $8.8×10^4m^3$。

第三节　动态储量评价

　　气藏动态储量是指在现有工艺技术和现有井网开采方式不变的条件下，已开发地质储量中投入生产直至天然气产量和波及范围内的地层压力降为 0 时，可以从气藏中流出的天然气总量。动态储量计算通常有以下几种方法。

一、压降法

压降法是定容封闭气藏物质平衡法在特定条件下的运用，根据气藏的累计采气量与地层压力下降的关系来推算压力波及储集空间的储量。压降法要求采出程度大于 10%，且至少具有两个关井压力恢复测试点。采出程度过低，压力产量误差对计算结果影响较大，压力数据越多，分析更准确。压降储量的一般计算公式为

$$\frac{p}{Z} = \frac{p_i}{Z_i}\left(1 - \frac{G_p}{G}\right) \tag{4-3-1}$$

式中　p——原始地层压力，MPa；

　　　　p_i——气井生产到某一时刻的地层压力，MPa；

　　　　Z——气体原始偏差系数；

　　　　Z_i——生产到某一时刻的气体偏差系数；

　　　　G——地质储量，m^3；

　　　　G_p——累计产气量，m^3。

二、弹性二相法

根据渗流机理，对于有界封闭低渗致密砂岩气藏，气井开井后可分为 3 个流动阶段：（1）地层线性流阶段（无限导流垂直裂缝，p_{wf}^2—$t^{\frac{1}{2}}$ 呈直线关系）或裂缝地层双线性流（有限导流垂直裂缝，p_{wf}^2—$t^{\frac{1}{4}}$ 呈直线关系）；（2）平面径向流动阶段（p_{wf}^2—$\lg t$ 呈直线关系）；（3）稳定流动或边界反映阶段（p_{wf}^2—t 呈直线关系），该阶段又称为弹性二相段。井底压力和时间满足如下关系：

$$p_{wf}^2 = p_e^2 - \frac{2qp_e t}{GC_t} - \frac{8.48 \times 10^{-3} q\mu}{Kh} \frac{p_{sc}ZT}{T_{sc}}\left(\lg\frac{R_e}{r_w} - 0.326 + 0.435S\right) \tag{4-3-2}$$

式中　p_{wf}——井底流压，MPa；

　　　　p_e——外界地层压力，MPa；

　　　　q——气井产量，$10^4 m^3/d$；

　　　　p_{sc}——地面标准压力，MPa；

　　　　T_{sc}——地面标准温度，K；

　　　　T——地面温度，K；

　　　　Z——气体原始偏差系数；

　　　　μ——地层气体黏度，mPa·s；

　　　　K——有效渗透率，mD；

　　　　h——有效厚度，m；

　　　　C_t——综合压缩系数，MPa^{-1}；

　　　　G——地质储量，m^3；

t——时间，s；

S——表皮系数；

R_e——供给半径，m；

r_w——井筒半径，m。

根据上述关系，可通过绘制气藏弹性二相法压力降落曲线并结合气藏储层岩石和流体的综合压缩系数、地层压力、产量等参数，计算弹性二相法储量。适用条件：压降和产量相对稳定，上下波动不得超过5%。

四站气藏中部区块累计采气量 $1.48×10^8m^3$，地层压力从原始地层压力 5.81MPa 下降至 1.89MPa，采用压降法计算动态储量（图 4-3-1）。

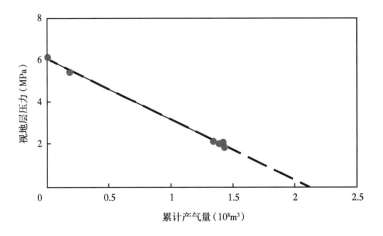

图 4-3-1　四站中部区带压降法曲线图

四站气藏南部区块采用目前 AK1 井生产数据回归得到储量参数，AK1 井注采试验阶段累计产气 $782×10^4m^3$，应用弹性二相法计算动态储量（图 4-3-2）。

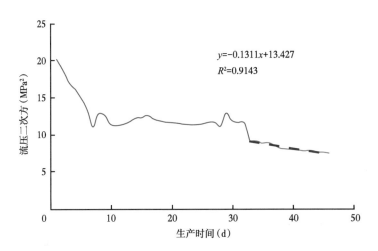

图 4-3-2　流压平方与时间关系曲线图

第五章 气藏圈闭密封性评价

圈闭密封性评价的主要目的是评价断层和盖层以及底板层的封闭能力，其评价指标包括断层密封性（性质、断距大小、断层两侧岩心组合）、盖层密封性（岩性、厚度、沉积相）、底板层密封性（岩心、厚度、沉积相）、圈闭动态密封性等因素。近年来，圈闭密封性评价技术逐渐发展到综合地质、经济、技术、环境和生态风险等各种因素，评价内容更加全面和具体。

第一节 盖层密封性评价

一、盖层静态密封性评价

研究区发育区域盖层，盖层岩性好、厚度大、平面分布广泛，盖层条件良好；盖层岩性为泥岩夹极少量油页岩、粉砂岩，分布稳定；盖层泥岩厚度 316~444m，平均 388.7m；泥岩占盖层厚度百分比多数达 95% 以上（图 5-1-1 和图 5-1-2）。

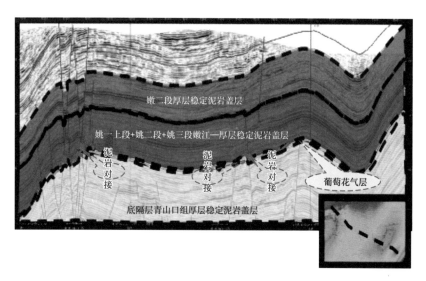

图 5-1-1　四站构造连井地震剖面图

对研究区盖层岩心进行高压压汞实验，结果显示四站气藏盖层岩心孔喉整体偏细，岩心孔喉半径小，最大汞饱和度低，排驱压力大，退汞效率相对较低，毛细管压力曲线歪度偏细，表明研究区盖层岩心封闭性好（表 5-1-1 和图 5-1-3）。

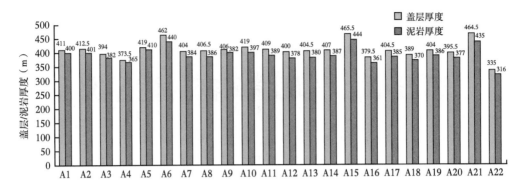

图 5-1-2　四站气藏单井盖层与纯泥岩厚度分布柱状图

表 5-1-1　四站气藏盖层岩心微观孔隙结构参数表

井号	岩心编号	取样深度（m）	最大孔喉半径（μm）	孔喉半径中值（μm）	分选系数	歪度系数	最大进汞饱和度（%）	残余汞饱和度（%）	退汞效率（%）
CK1	C4	647.30	0.053	0.016	1.17	−0.138	64.8	39.0	39.8
	C9	649.70	0.134	0.034	1.79	−0.182	74.7	36.1	51.7
	C15	654.90	0.220	0.045	1.68	−0.231	65.2	33.5	48.6
	C17	657.90	0.211	0.068	1.71	−0.196	66.2	31.2	52.9
	C21	666.70	0.109	0.036	1.75	−0.185	68.9	34.6	49.8
AK1	S1	515.10	0.178	0.049	1.69	0.280	69.9	43.2	38.2
	S4	517.70	1.769	0.115	2.76	−0.654	67.9	34.7	48.9
	S6	519.50	0.053	0.019	1.28	0.199	66.6	32.4	51.4
	S8	524.65	0.053	0.015	1.14	0.059	70.7	36.9	47.8
	S10	539.20	0.065	0.021	1.49	0.208	68.5	33.3	51.4

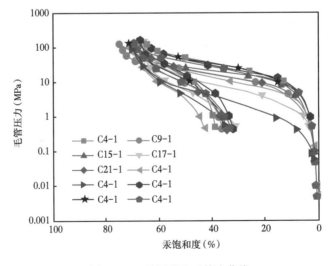

图 5-1-3　盖层岩心毛管力曲线

对取心井盖层岩心进行物性分析，盖层孔隙度 0.103%~0.147%，渗透率 0.0056~0.0155mD（表 5-1-2）。

表 5-1-2　AK1 井盖层岩心地层压力下孔隙度和渗透率

井号	岩心编号	取样深度（m）	覆压（MPa）	孔隙度（%）	克氏渗透率（mD）	气测渗透率（mD）
AK1	S 1-1	515.10	12.88	0.138	0.005	0.0176
	S 2-1	515.60	12.89	0.121	0.002	0.0056
	S 4-1	517.70	12.94	0.131	0.003	0.0087
	S 5-1	518.20	12.96	0.103	0.002	0.0056
	S 6-1	519.50	12.99	0.136	0.005	0.0152
	S 7-1	523.50	13.09	0.124	0.003	0.0089
	S 8-1	524.65	13.12	0.145	0.004	0.0135
	S 9-1	536.05	13.40	0.147	0.005	0.0141
	S 10-1	539.20	13.48	0.125	0.005	0.0155
	S 16-1	544.50	13.61	0.126	0.005	0.0141

盖层岩心突破压力测试结果显示，气体突破压力与岩心气测渗透率和孔隙度均具有较好相关性，随岩心气测渗透率和孔隙度增加，气体突破压力减小，储气库盖层岩心气体突破压力在 7.1~16.2MPa，盖层泥岩厚度、孔隙度、渗透率、突破压力指标均优于评价标准[5-7]（图 5-1-4 和图 5-1-5，表 5-1-3）。

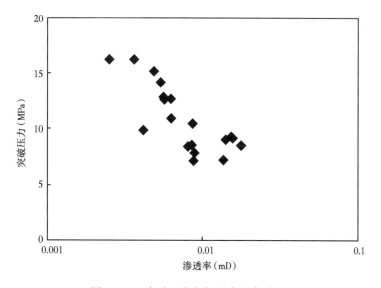

图 5-1-4　突破压力与气测渗透率关系图

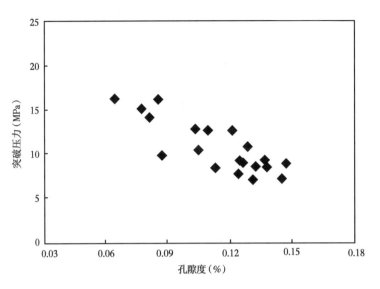

图 5-1-5　突破压力与孔隙度关系图

表 5-1-3　盖层封闭性评价标准与本区盖层参数对比表

项目	盖层泥岩厚度（m）	盖层孔隙度（%）	盖层渗透率（mD）	突破压力（MPa）
评价标准	> 10	<1	<0.05	> 2
四站储气库	388.7	0.103~0.147	0.0056~0.0155	7.1~16.2

二、盖层动态密封性评价

储气库强注强采运行过程中，高低压频繁快速变化，可能会造成盖层拉张或剪切破坏、盖层毛细管渗漏，对盖层完整性产生不利影响。针对不同的盖层密封性失效机理，选取盖层破裂压力、剪切安全指数、突破安全指数定量评价盖层动态密封性（图 5-1-6 和图 5-1-7）。

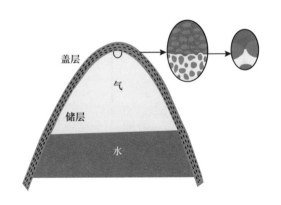

图 5-1-6　盖层毛细管密封性机理示意图

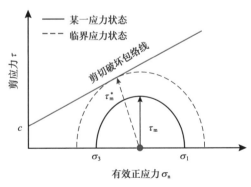

图 5-1-7　盖层剪切破坏机理示意图

1. 盖层破裂压力

在岩石力学钻井三压力剖面预测中，一般采用最小水平主应力作为破裂压力，更保守的估计岩石破坏的临界状态。

应用四维地应力模型，计算储气库注采运行30个周期盖层破裂压力为8.25~14.56MPa，大于同期储层孔隙压力（6MPa），表明注采运行30个周期不会造成盖层破裂（图5-1-8和图5-1-9）。

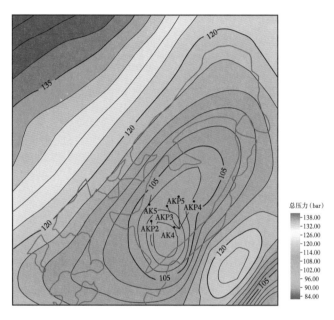

图 5-1-8　第 30 周期注气末盖层破裂压力平面图

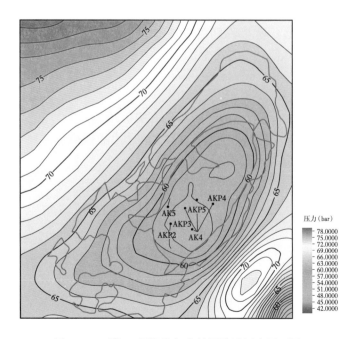

图 5-1-9　第 30 周期注气末储层孔隙压力平面图

59

2. 盖层剪切安全指数

根据泥岩盖层岩样单轴、三轴压缩和交变应力损伤后实验结果，可以看出储气库泥岩盖层具有较高的力学强度，由于埋藏较深导致的高围压，通过实验室岩样厘米尺度评价，储气库盖层发生剪切破坏风险很低。为考虑复杂地质构造、岩性变化和层理等导致地应力场非均质性影响，采用地质力学模拟手段在千米尺度评价盖层剪切破坏风险。

目前，最经典的盖层剪切破坏风险评价方法是基于岩石力学中的摩尔—库仑准则，以该准则为基础，通过式（5-1-1）计算盖层安全指数：

$$\chi = 1 - \frac{(\sigma_1 - \sigma_3)/2}{c\cos\phi + (\sigma_1 + \sigma_3)\sin(\phi/2)} = 1 - \frac{\tau_m}{\tau_m^*} \qquad (5-1-1)$$

式中　σ_1——最大主应力，MPa；

　　　σ_3——最小主应力，MPa；

　　　χ——盖层安全指数；

　　　τ_m——某一应力状态下的最大剪应力，MPa；

　　　τ_m^*——剪切破坏发生时的临界剪应力，MPa；

　　　c——内聚力，MPa；

　　　ϕ——内摩擦角，（°）。

显然，当 χ 等于 0 时发生剪切破坏。

从式（5-1-1）可以看出，影响盖层剪切破坏风险高低的主要因素包括两类：一是最大和最小有效主应力，其分别等于最大和最小主应力与地层压力之差；二是盖层岩石本身的力学参数，包括单轴抗压强度、内聚力、内摩擦角等。如果模拟预测的储气库高速注采扰动下盖层局部剪切破坏风险较高，则需通过全面的地质和岩石力学分析，明确导致风险较高的力学机理或注采工况等因素，为气藏建库设计上限压力提供依据。

应用四维地应力模型，模拟不同阶段盖层剪切安全指数，分布范围为 0.58~0.73，大于完整性所要求的临界值（考虑安全因素，一般为 0.2），表明盖层动态密封性较好（图 5-1-10）。

3. 盖层突破安全指数

突破压力是反映盖层封闭能力的评价参数，突破压力一般与盖层的孔隙度相关性最大，通过盖层测井解释孔隙度数据与盖层岩心突破压力数据拟合得到突破压力计算公式，再利用三维孔隙度模型计算得到三维突破压力模型。

通过建立突破安全指数来直观反映盖层密封性。

$$k = 1 - \frac{p_p}{T_p} \qquad (5-1-2)$$

式中　k——突破安全指数；

　　　p_p——某一网格孔隙压力，MPa；

　　　T_p——某一网格突破压力，MPa。

从式（5-1-2）可以看出，k 值越接近于 0，说明此时孔隙压力越接近于突破压力，越容易发生毛细管突破。

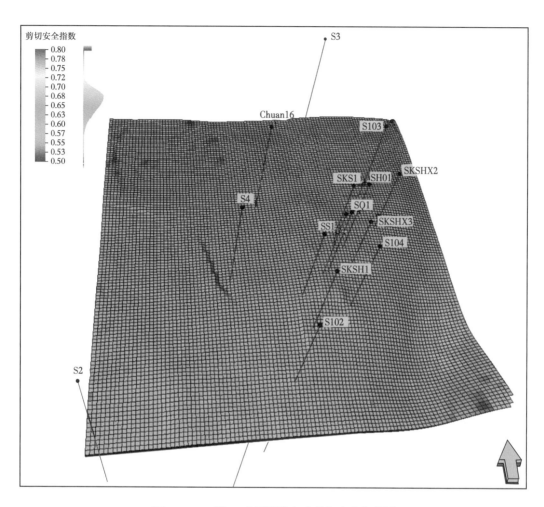

图 5-1-10 第 30 个周期注气末剪切安全指数图

应用四维地应力模型模拟计算注采 30 个周期突破安全指数介于 0.275~0.425，大于完整性要求的临界值（0.2），表明盖层动态密封性较好。

第二节 底板密封性评价

四站气藏底板层位为青山口组青二段 + 青三段地层，岩性为灰绿泥岩、紫红泥岩、粉砂质泥岩与灰色泥质粉砂岩、下部深灰泥岩、灰黑色泥岩，沉积模式为氧化—还原环境下滨浅湖—半深湖相沉积。青二段地层是松辽盆地泉头组扶杨油层良好的区域盖层，具有沉积厚度大，沉积稳定的特点。

通过对表征孔喉大小特征的参数统计分析（表 5-2-1）表明，研究区青二段 + 青三段地层最大孔喉半径 0.053μm，平均孔喉半径 0.019μm，中值半径 0015μm，排驱压力 13.78MPa，显示封闭能力较好。

表 5-2-1　青二段 + 青三段地层孔喉特征参数统计

井号	取样深度 （m）	层位	渗透率 （mD）	最大孔喉半径 （μm）	平均孔喉半径 R_p （μm）	中值半径 R_{50} （μm）	排驱压力 （MPa）
A4	583.5	青二段 + 青三段	0.00746	0.053	0.019	0.015	13.78

研究区钻遇青二段 + 青三段地层井 27 口，地层厚度 273.7~420.56m，平均 353.6m，厚度较大且全区分布稳定，整体定性评价底板密封性较好（图 5-2-1）。

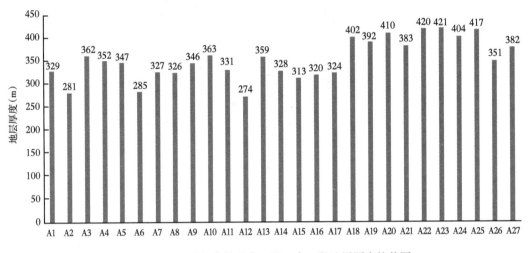

图 5-2-1　四站气藏钻遇青二段 + 青三段地层厚度柱状图

第三节　断层密封性评价

一、断层静态密封性评价

1. 定性评价

从四站气藏断层分布图来看（图 5-3-1），圈闭内断层不发育，以小断层发育为主，断距小，以储层内部断层为主，对断层密封性有影响的 2 条，其中含气面积内 1 条（表 5-3-1）。

表 5-3-1　四站气藏主要断层要素表

断层名称	断开层位	断层走向	断层倾向	葡萄花层延伸长度 （km）	葡萄花层断距 （m）	断层性质	备注
F21	T_2—T_{07}	N—NNW	SWW	0.9	8	正断层	含气面积内
F7	T_2—T_{05}	NNW	NEE	3.0	25	正断层	圈闭范围内
F26	T_2—T_1	N	W	0.39	3	正断层	圈闭范围外
F27	T_2—T_1	NNW—N	W	2.0	12	正断层	圈闭范围外
F28	T_2—T_1	NNW	SWW	1.45	8	正断层	圈闭范围外

续表

断层名称	断开层位	断层走向	断层倾向	葡萄花层延伸长度（km）	葡萄花层断距（m）	断层性质	备注
F30	T_2—T_1	NNW	SWW	1.01	6	正断层	圈闭范围外
F31	T_2—T_1	NNW	SWW	0.96	7	正断层	圈闭范围外
F36	T_2—T_{1-1}	NNW	SWW	0.66	3	正断层	圈闭范围外
F45	T_{05}—T_{1-1b}	NEE	NNW	0.50	2	正断层	圈闭范围外
F46	T_{05}—T_{1-1b}	NEE	NNW	1.20	6	正断层	圈闭范围外
F67	T_{1-1b}—T_1	NEE	NNW	0.54	4	正断层	圈闭范围外
F73	T_{1-1b}—T_{1-1}	E-NEE	NNW	0.85	4	正断层	圈闭范围外
F74	T_{1-1b}—T_{1-1}	NWW	NNE	0.92	5	正断层	圈闭范围外

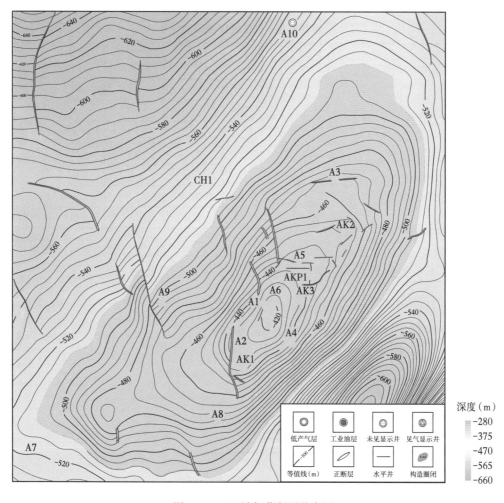

图 5-3-1 四站气藏断层分布图

F21 断层断距大，断层两侧为砂泥对接，断层密封性较好（图 5-3-2），F21 断层要素见表 5-3-2。

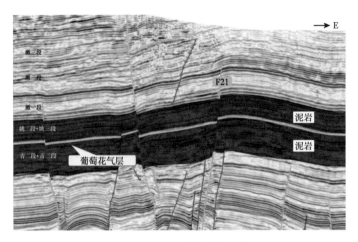

图 5-3-2　F21 断层剖面图

表 5-3-2　F21 断层要素表

区块	断层名称	断开层位	断层走向	断层倾向	层位	延伸长度（km）	断距（m）	断层性质
四站	F21	T_{07}—T_2	NNW	SSW	T_{07}	0.4	—	顺向正断层
					T_1	0.6	8	
					T_{1-1}	0.8	8	
					T_{1-1a}	0.9	9	
					T_{1-1b}	0.9	10	
					T—K_1qn1	1.0	10	
					T_2	0.8	55	

F7 断层断距大，断层两侧为砂泥对接，生长指数表明断层活动强度弱，断层密封性较好（图 5-3-3 和图 5-3-4），F7 断层要素见表 5-3-3。

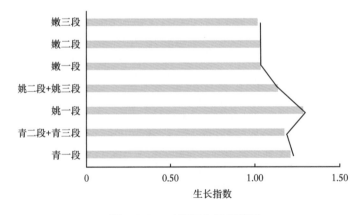

图 5-3-3　F7 断层生长指数图

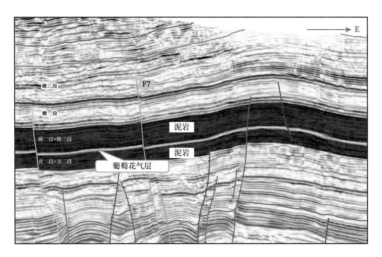

图 5-3-4　F7 断层剖面和断层平面位置对比图

表 5-3-3　F7 断层要素表

区块	断层名称	断开层位	断层走向	断层倾向	层位	延伸长度（km）	断距（m）	断层性质
四站	F7	T_{05}—T_2	NNW	NNE	T_{05}	1.8	5	反向正断层
					T_{06}	1.8	5	
					T_{07}	2.2	15	
					T_1	2.7	20	
					T_{1-1}	2.8	15	
					T_{1-1a}	3.0	25	
					T_{1-1b}	2.9	30	
					T—$K_1 qn_1$	4.3	65	
					T_2	4.0	120	

综上所述，四站气藏断层活动强度弱，断层两侧均为砂泥岩对接，整体定性评价断层静态密封性较好。

2. 定量评价

综合泥岩涂抹系数、断面正压力、断层泥分布率制定四站气藏断层密封性定量评价标准[8-11]。

泥岩涂抹层分布的连续性是形成断层有效封闭的重要因素。泥岩涂抹系数是表征泥岩涂抹层分布连续性的参数，其公式为：

$$\text{SSF} = \frac{r_d}{\sum_{i=1}^{n} h_i} \qquad (5-3-1)$$

式中　SSF——泥岩涂抹系数；

r_d——倾向断距，m；

h_i——被断开的第 i 层泥岩厚度，m；

n——被断开的泥岩层数。

在断层断裂带中，断层泥分布率越高，断层内孔渗性就越差，流体突破断层所需的排驱压力就越大，断层形成的封闭性也就越好，能使大量的油气在储层中聚集起来，形成油气藏。根据断层泥分布率公式：

$$SGR = \frac{\sum\limits_{i=1}^{n} h_i}{r_Z} \times 100\% \tag{5-3-2}$$

式中　SGR——断裂带中断层泥分布率，%；

r_Z——断层垂直断距，m；

h_i——被断开的第 i 层泥岩厚度，m；

n——被断开的泥岩层数。

四站气藏断层侧向及垂向密封性评价标准表 5-3-4 和表 5-3-5。

表 5-3-4　四站气藏断层侧向密封性评价标准表

泥岩涂抹系数（SSF）	断层泥质含量（%）	断层封闭度
<4	0~20	差
	20~40	较差
	40~60	中等
	60~80	较好
	80~100	好
≥4	0~20	差
	20~40	较差
	40~60	较差
	60~80	中等
	80~100	较好

表 5-3-5　四站气藏断层垂向密封性评价标准

断层泥分布率（%）	断面压力（MPa）				
	<1.5	1.5~3.5	3.5~5.5	5.5~7.5	>7.5
>50	差	较差	中	较好	好
40~50	差	差	较差	中	较好
30~40	差	差	差	较好	中
20~30	差	差	差	差	较差
<20	差	差	差	差	差

计算得到四站气藏泥岩涂抹系数平均为 0.04，四站气藏断层泥分布率平均为 95%，四站气藏断面正压力平均为 6.28MPa（表 5-3-6）。根据评价标准判断，四站气藏断层侧向密封性好，垂向密封性较好。

表 5-3-6　四站主要断层密封性评价计算结果汇总

区块	断层名称	侧向密封性		垂向密封性	
		黏土涂抹势 CSP	泥岩涂抹系数 SSF	断面正压力（MPa）	断层泥分布率 SGR（%）
四站	F21	42.67	0.02	5.61	95.05
	F7	15.48	0.06	6.95	95.09
	平均	29.07	0.04	6.28	95.07

二、断层动态密封性评价

通过建立储气库地应力—渗流耦合模型开展断层动态密封性评价，应用四维地应力模拟手段，准确反演获得复杂地质构造断层周边初始三维地应力场及其随储气库注采地层压力交替变化所产生的动态扰动，是评价断层动态稳定性的关键。

1. 断面应力变化

在动态地应力场准确反演的基础上，采用三维空间应力张量算法，可计算出任意地层压力下断层面的剪应力和有效正应力。

通过分析模拟储气库运行 30 个周期后断面的剪应力和有效正应力变化，注气末F21 断面有效正应力分布范围在 5.2~6.6MPa，采气末 F21 断面有效正应力分布范围在7.2~8.9MPa；注气末 F21 断面剪应力范围在 1.1~1.6MPa，采气末 F21 断面剪应力范围在1.7~2.4MPa（图 5-3-5 和图 5-3-6）。

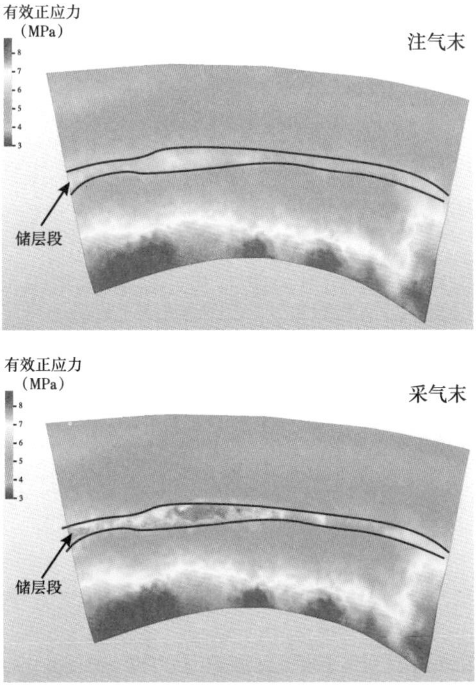

图 5-3-5　F21 断层第 30 周期注采末期有效正应力分布图

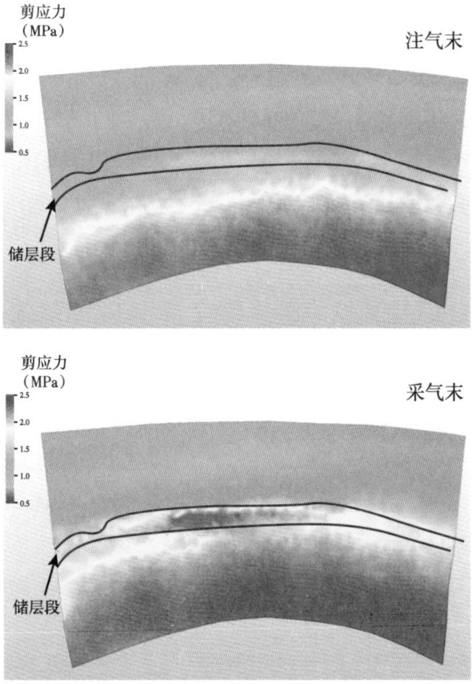

图 5-3-6　F21 断层第 30 周期注采末期剪应力分布图

2. 断面稳定性参数分析

断层稳定性由作用在断层面上的剪切力，正应力，孔隙压力和滑动摩擦系数来定量描述。

利用库仑破损函数（CFF）：

$$CFF = \tau - \mu \left(S_n - p_p \right) \tag{5-3-3}$$

式中　CFF——库仑破损函数；

　　　τ——三轴主应力在裂缝面产生的剪切分量之和，MPa；

　　　μ——断层面滑动摩擦系数，一般 0.6~1.0；

　　　p_p——孔隙压力，MPa；

　　　S_n——正应力，MPa。

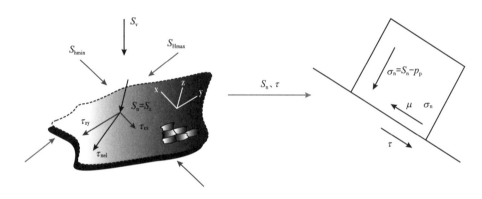

图 5-3-7　库仑破损函数示意图

断层稳定性力学判别标准：CFF＜0 时断层稳定；CFF≥0 时断层活动。

根据剪切破裂理论，提高断层面的孔隙压力会引起有效正应力降低，从而可能导致断层发生滑动，因此选取临界滑动压力和断层滑移指数定量评价断层动态密封性。

（1）临界滑动孔隙压力（CPP）。

$$CPP = S_n - \frac{\tau}{\mu} \tag{5-3-4}$$

式中　CPP——临界滑动孔隙压力，MPa；

　　　τ——三轴主应力在裂缝面产生的剪切分量之和，MPa；

　　　μ——断层面滑动摩擦系数，一般 0.6~1.0；

　　　S_n——正应力，MPa。

（2）断层滑移指数（ST）。

$$ST = \frac{\tau}{\mu \left(S_n - p_p \right)} \tag{5-3-5}$$

式中　ST——断层滑移指数；

τ——三轴主应力在裂缝面产生的剪切分量之和，MPa；

μ——断层面滑动摩擦系数，一般 0.6~1.0；

p_p——孔隙压力，MPa；

S_n——正应力，MPa。

根据地质力学研究，ST 范围在 0~1，越接近 1 越容易发生剪切滑移，ST 越大，失稳滑移风险越高。

应用应力动态变化模拟，30 个注采周期之后，采气期末断层最低临界滑动压力 5.96MPa，注气期末临界滑动压力达到 8.8MPa 以上，储气库运行过程中气藏孔隙压力一直低于临界滑动孔隙压力，断层滑移指数范围在 0.2~0.6（小于 1），法向应力大于剪应力，断层未滑动，表明断层动态密封性较好，图 5-3-8 至图 5-3-10。

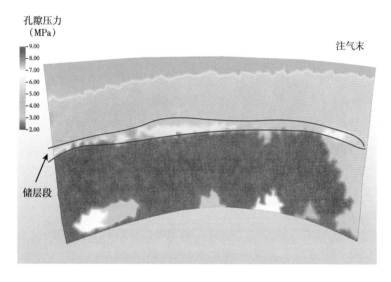

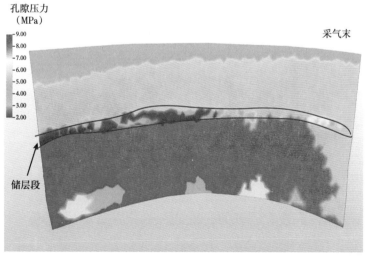

图 5-3-8　F21 断层第 30 周期注采末期孔隙压力分布图

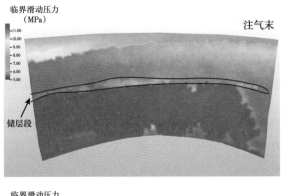

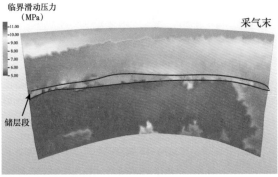

图 5-3-9　F21 断层第 30 周期注采末期临界滑动压力分布图

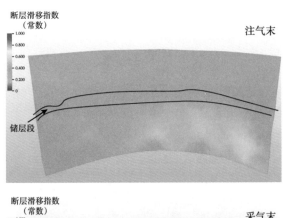

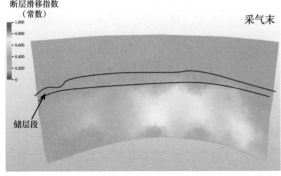

图 5-3-10　F21 断层第 30 周期注采末期断层滑移指数分布图

第六章　地质建模及数值模拟

三维精细地质建模是地质基础研究的最后一个环节，在油气藏精细描述的基础上，最终建立三维精细地质模型。落实储层、盖层、断层等圈闭要素，为油气藏数值模拟提供准确的静态数据模型。

数值模拟是确定注采能力和库容参数指标的重要手段，与传统气藏物质平衡方法对比具有考虑气体相对密度、气体组分及压缩因子等参数随温度、压力的变化和考虑压力扩散不均衡导致的单位压降采气量降低等优势，由于储气库注采方式与气藏单向低速开发差别显著，需考虑储气库多周期高速注采机理的复杂性和特殊性。

第一节　地质建模

应用 Petrel 软件从地质建模的角度来预测气藏储层分布，采用地震解释与储层预测结果，结合储层研究成果，并点以地质、测井、生产动态资料为基础，井间根据地震属性、储层预测综合成果作为约束条件，以地质统计学理论为指导，采取较为有效的预测算法，利用多种信息建立一个描述构造、储层、流体空间分布的静态三维地质模型，包括构造模型、储层模型、有效储层模型、孔隙度模型、渗透率模型、含气饱和度模型和净毛比模型，为落实含气富集区、井位部署和数值模拟奠定基础[12-13]（图 6-1-1）。

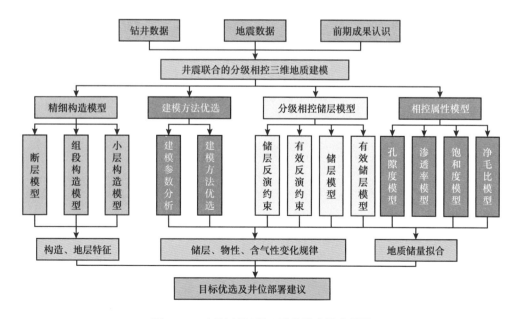

图 6-1-1　四站储气库三维地质建模流程图

一、构造模型

1. 构造建模准备

（1）构造建模的基本流程。

构造模型反映储层的空间格架，构造模型由断层模型和层面模型组成，主要包括三个方面：第一，通过地震及钻井解释的断层数据，建立断层模型；第二，在断层模型的控制下，建立各个地层的顶底的层面模型；第三，以断层及层面模型为基础，建立一定网格分辨率的等时三维地层网格体模型。后续的储层属性建模及图形可视化都将依据该网格进行。选用的 Petrel 软件采用一体化的构造建模流程，即将断层建模、层面建模及地层建模作为一个技术整体，三者在模型数据共享以及操作过程中能够有机结合（图 6-1-2）。

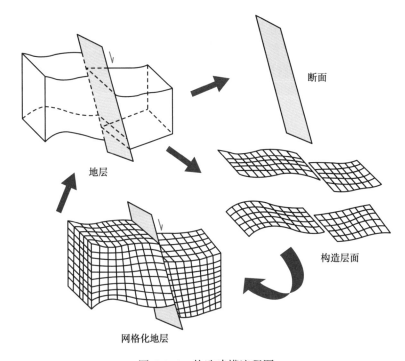

图 6-1-2　构造建模流程图

（2）建立地质数据库。

建模需要基础数据可以分成三类：点数据、面数据及体数据。

①点数据。

工区内所有井的横坐标、纵坐标、补心海拔、完钻井深、测井细分层、测井曲线、井点属性等数据。

②面数据。

地震解释的构造层面数据及利用插值计算生成的层面数据，共计 5 个层位，地震解释的断层数据，断层数据包括地震解释断层数据和断层多边形数据等。

③体数据。

地震解释纯波数据体、储层反演数据体、有效储层反演数据体、孔渗饱反演数据体等。

2. 断层模型的建立

断层模型为一系列表示断层空间位置、产状及发育模式（截切关系）的三维断层面。主要根据地震解释数据，包括断层多边形、地震解释断层数据以及井断点数据，通过一定的数学插值，并根据断层间的截切关系进行断层面的编辑处理。一般包括以下几个环节：

（1）断层建模数据准备。

收集工区内的断层数据信息，包括断层多边形、地震解释断层数据，井断点数据等，并根据构造图（平面图和剖面图）落实建模工区内每条断层的类型、产状、发育层位及断层间的切割关系等。

（2）断层面的插值。

断层面插值的过程就是将地震解释断层面数据通过一定的插值算法生成断层面。断层模型反映的是三维空间上的断层面，断层建模即建立断层在三维空间的分布模型，是构造建模中最重要的一步（图 6-1-3）。在 Petrel 软件中断层建模是一个重新描述和刻画断层的过程，描绘断层的数据文件被用来定义断层的初始形状。可以通过使用 Key pillar 来建断层，Key pillar 是在断面中的一条粗略的垂线，由 2、3、5 个点（定形点）所定义。一组侧面相连的 Key pillar 就定义出了一条断层的形状和空间展布。

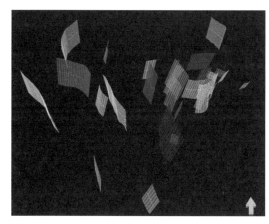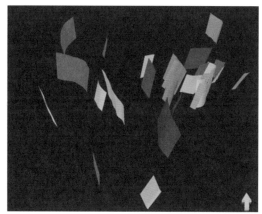

图 6-1-3　四站断层模型图

依据上述步骤，对断层精细三维构造解释基础上，平面上以大于四站区块最大圈闭范围为约束，纵向上以姚二段 + 姚三组顶，青二段 + 青三组上段底面为约束，利用地震解释断层数据及断层 Polygon 建立了三维断层模型。首先是建立断层模型，选取了研究区的各条断层，数据来自地震解释结果。最后对断层进行编辑处理，对研究区的削截断层进行削截处理，对相互连接的断层进行互相连接处理。

3. 三维网格化

三维网格化是建立基于分层和断层的三维网格框架，为后续的层面模型提供理想的三维网格。不同的网格类型、网格尺寸、网格定向、网格规模对模型模拟结果的精度及可靠性都会产生很大的影响。因此，要保证模拟计算结果的正确性与合理性，确定一套合理的网格系统是模拟研究的前提。角点网格是一种新型的网格类型，它用不规则六面体的八个顶点坐标描述离散网格的空间位置。由于角点网格的网格线可以是任意走向，因而可以精确描述气藏的几何形状及地质特征，尤其是构造起伏变化大、断层发育的复杂气藏。网格大小的确定要考虑目前的井网密度、地震的道间距以及数模能够计算的精度。

网格化后将得到顶部、中部和底部三个层面网格。由这三个平面网格控制后面整个三维模型的格架，这三层网格出现扭曲叠置的地方需要重新网格化或应用 Edit 3D grid 模块进行手动调整，在用 5 点 Key pillar 建立的断层附近，还需要应用 Edit 3D grid 模块检查其他两点网格位置的正确性，最终要达到 I、J 方向网格位置的正确，保证了后期三维网格的质量。

4. 层面模型的建立

在建立构造层面模型时，引入地震解释的层位，利用井分层进行校正，这样不仅保证了井点的真实，也落实了井间的构造形态，最终建立的层面模型与构造图保持了高度的一致性，三维层面模型如图 6-1-4 所示。

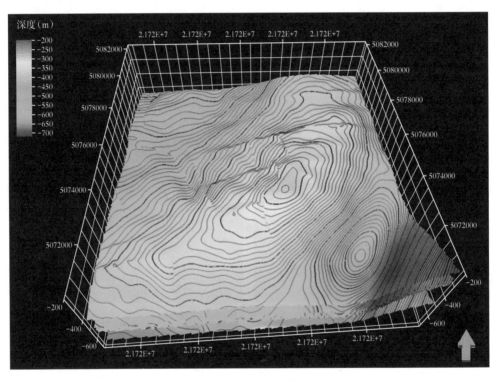

图 6-1-4　三维层面模型

5. 层面模型质量控制

层位模型质量控制包括：井分层与层面模型的吻合度、构造形态与构造图的吻合度、层面接触关系的正确性等，最终要达到描述纵向模拟单元的层位与前期地震和地质研究成果一致、层位之间接触关系合理。质量检查表明：最终建立的三维层面模型能够准确反映气藏的构造格架，不仅能反映断层及各小层的总体形态，而且能对各层构造的细微变化做出精确的定量描述，能够定量描述气藏外部几何形态，准确地描述各层之间的接触关系，层位接触关系质量分析如图 6-1-5 所示。

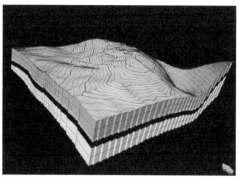

图 6-1-5 层位接触关系质量分析

二、相模型及储层模型

在综合分析精细构造模型、测井解释成果数据、地震反储层预测、地震属性含气检测等成果的基础上，完成了储层模型及其内部属性模型的建立。

1. 纵向细分层

四站气藏姚家组与青山口组地层厚度稳定，横向变化小，采用等比例划分纵向网格，精细刻画各属性在葡一组气层内部纵向单元网格中的分布。

2. 建立储层模型

（1）单井储层曲线的计算。

单井储层解释综合了测井曲线、录井、气测、试油试采等多种资料，解释结论数据精度很高，因此本次储层建模的单井储层数据以综合解释结论为准进行计算。

（2）相模型的建立。

根据沉积相平面分布图，将沉积相平面分布图进行了数字化，最终建立了沉积相模型（图 6-1-6），以对后期储层模型进行相控，减少储层建模的不确定性，提高储层模型的精度。

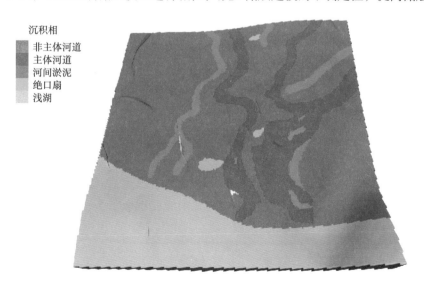

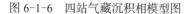

图 6-1-6 四站气藏沉积相模型图

（3）地质数据统计及数据分析。

地质建模的基本思路是研究已钻井所揭示的地质规律，并分析钻井揭示的地质规律反映研究区的整体地质规律的程度，然后再辅以整体的地质概念进行补充，最终建立合理的三维模型。因此进行地质数据统计并加以分析，是地质模型建立的基础。

在进行数据分析之前，首先需要对单井储层数据进行离散化，储层数据为离散数据，选用"most of"方法，对井点离散数据进行数据分析，并进行变差函数相关参数的计算。

变差函数是地质统计学特有的基本工具，它既能描述区域化变量的空间结构性，也能描述其随机性，是进行随机模拟的基础。进行变程函数分析时，首先需要根据地质情况，根据储层的展布规律，一般选择主物源方向作为主变程方向，并确定主变程、次变程、垂向变程，通过对离散化后数据的分析，以展示数据三维分布的空间各向异性。参数的选择主要是指定原始样本变差函数各个方向的变程，具体方法是通过调整搜索半径和步长个数，然后拟合原始数据得到变差函数在该方向上的变程。

（4）储层模型的建立。

序贯指示模拟算法比较稳健，可以模拟任何类型的储层，其应用非常广泛，而且可以附加前期研究成果数据加以约束。因此，对储层数据的模拟采用基于象元的序贯指示模拟算法。

储层建模充分利用沉积相平面展布规律、储层反演平面预测、地震属性含气检测平面图等前期研究成果，利用 Petrel 软件的多级相控功能，分两步建立了模型。

第一步建立储层模型。根据单井储层数据，以地震反演有利储层边界作为平面约束，利用相模型作相控，分别建立了四站气藏储层模型（图 6-1-7）。

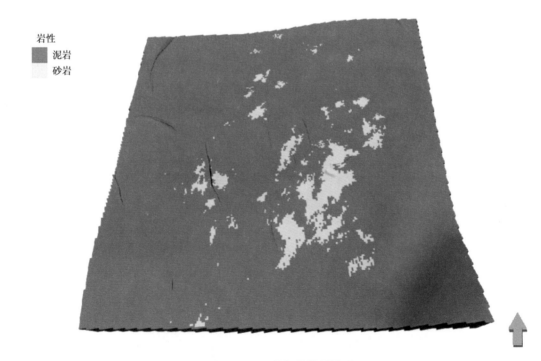

岩性
■ 泥岩
□ 砂岩

图 6-1-7　四站气藏储层模型

第二步建立有效储层模型。根据单井有效厚度划分数据，以地震反演有利储层作为约束，利用储层模型作相控，建立了有效储层模型（图 6-1-8）。

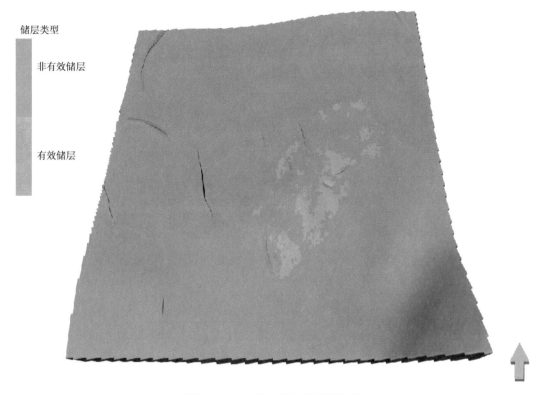

储层类型

非有效储层

有效储层

图 6-1-8　四站气藏有效储层模型

3. 储层模型质量控制

在建立完地质模型后，得到的只是多个同等概率的模型，所以要对这些随机模拟实现的模型进行检验与优选，这样才能得到最为符合地质情况的模型。

（1）建模结果与地质认识符合程度。

这种检验方式是最为简便的方法，从平面上看，从模型中提取的砂岩厚度图与根据反演成果绘制的砂体厚度图趋势一致（图 6-1-9 和 6-1-10）；从剖面上看，储层剖面模型与相对应的反演成果剖面趋势一致，吻合程度高，符合地质规律（图 6-1-11）。

（2）建模结果与测井数据符合程度。

虽然本次研究得到的建模结果，都是由各种硬数据与软数据充分参与模拟得到的，根据统计概率约束原则，各模拟实现的概率统计与数据离散化至三维网格后的概率统计相一致。但是由于建模过程中对于模型的一些运算过程所建立的变差函数结构不一定能够完全精确地表征出地质规律，地质模型也不能完全忠实于各种地质数据、钻井数据和地震数据，因此可以应用概率图等方法来对其进行检验。从储层模型砂泥岩数据分布直方图上可以看出，建模结果忠实于测井数据，井筒数据、粗化数据和三维网格数据吻合程度高，说明本次储层模型能真实反映储层的变化特征（图 6-1-12）。

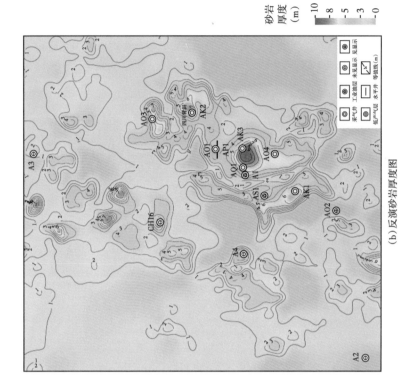

(b) 反演砂岩厚度图

(a) 模型提取砂岩厚度图

图 6-1-9　四站气藏 P12 小层砂岩厚度对比图

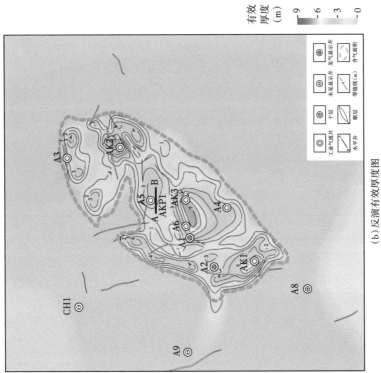

（a）模型提取有效厚度图

（b）反演有效厚度图

图 6-1-10　四站气藏 P12 小层有效厚度对比图

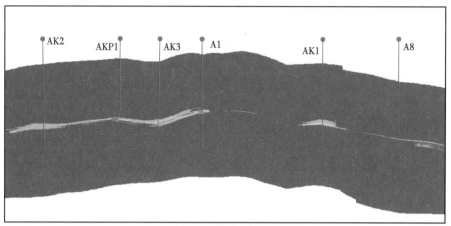

（a）地震反演成果剖面图

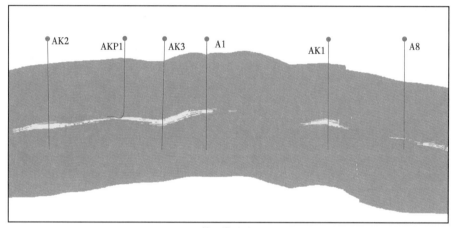

（b）储层模型剖面图

图 6-1-11　过 AK2—A8 井地震反演成果、储层模型剖面对比图

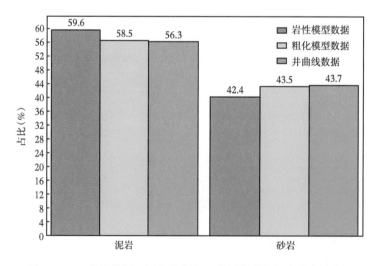

图 6-1-12　井筒数据、粗化数据和三维网格数据概率分布直方图

三、属性模型

1. 单井测井数据的处理

根据提供的工区各口井成果测井曲线、测井解释成果表（可能有多套），并辅以常规测井曲线、测井综合解释成果数据、岩心孔渗饱数据等，逐井进行综合分析，选择最合适的孔渗饱曲线，作为基质属性模型建立的基础数据。

2. 地质数据统计及数据分析

统计特征参数是随机模拟所需要的重要输入参数，其数值在很大程度上决定着模拟实现是否符合客观地质实际，因此正确地统计特征参数是随机模拟成败的关键。

数据分析之前首先需要进行测井曲线的离散化，孔隙度数据一般采用加权平均，而渗透率由于变化范围较大，采用了几何平均的方法。根据之前建立的有效储层模型，分不同类型的储层对孔隙度、渗透率进行了数据分析。对输入输出数据进行截断变换，去除异常值，分层得到孔隙度的正态分布；对于渗透率而言，需对其进行对数变换，使其分布接近正态分布，然后进行数据分析。

3. 属性模型的建立

地下储层本身是确定的，但是储层结构的空间配置及储层参数空间变化存在复杂性，因此储层的描述具有不确定性，通过随机模拟的方法可以比较好地反映出这种不确定性对储层表征的影响。

（1）孔隙度模型。

孔隙度的变化在很大程度上受到储层展布的影响，不同类型储层的孔隙度分布规律不同，因此在计算孔隙度模型时采用了相控的计算方法，即利用已经完成的有效储层模型对孔隙度模型的计算进行相控，分不同类型的储层对孔隙度进行模拟（图 6-1-13）。

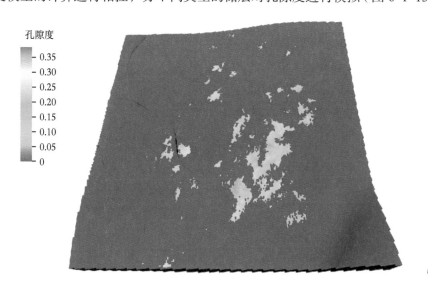

图 6-1-13　四站气藏孔隙度模型

（2）渗透率模型。

渗透率同孔隙度类似，其变化受储层分布的影响，不同类型的储层渗透率范围不一样，分布规律也不同。渗透率模型建立时同样应该采用相控的计算方法，即利用已经完成的有效储层模型对渗透率模型的计算进行相控，分不同类型的储层对渗透率进行模拟；同时，由于渗透率与孔隙度具有地质上的相关性，即对数刻度的渗透率与孔隙度具有线性关系，因此渗透率模拟时，利用已完成的孔隙度模型作为第二变量，对渗透率模型进行协同模拟，以保证渗透率模型与孔隙度模型的一致性（图 6-1-14）。

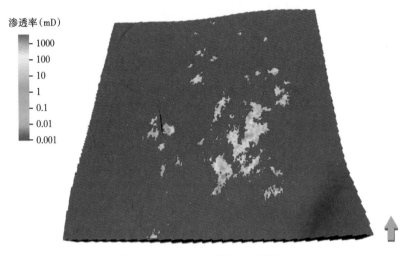

图 6-1-14　四站气藏渗透率模型

（3）含气饱和度模型。

含气饱和度模型是计算储量和评价气藏的一个重要模型。含气饱和度在同一气水系统内，受构造高低的控制。由于之前有效储层模型的建立过程中，充分利用了测井综合解释成果、单井的有效厚度划分数据、地震反演有效储层数据体、地震属性含气检测平面成果等数据，采用有效模型相控下沿构造插值的方法进行计算（图 6-1-15）。

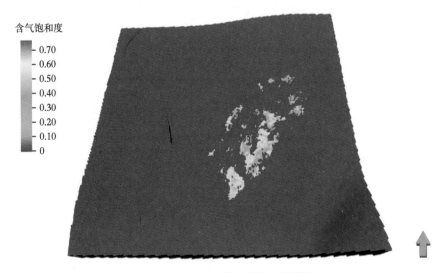

图 6-1-15　四站气藏含气饱和度模型

4. 属性模型质量控制

从模型提取的孔隙度、渗透率、含气饱和度平面图和过 AK2—A8 井的孔隙度、渗透率和含气饱和度模拟剖面上可以看出，属性模型和储层模型在分布规律上保持一致。孔隙度模型反映储存流体的孔隙体积分布，渗透率模型反映流体在三维空间的渗流能力，而含气饱和度模型则反映三维空间上油气的分布，符合地质认识，属性模型合理、可靠（图 6-1-16 至图 6-1-20）。

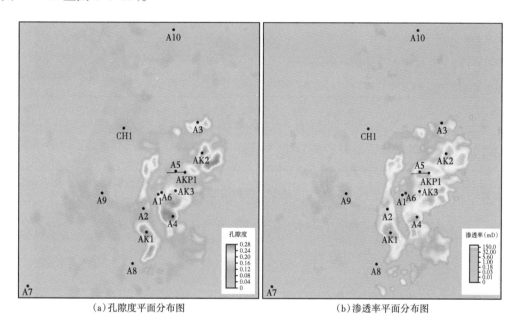

（a）孔隙度平面分布图　　　　　　　　（b）渗透率平面分布图

图 6-1-16　四站气藏 PI2 小层孔渗平面分布图

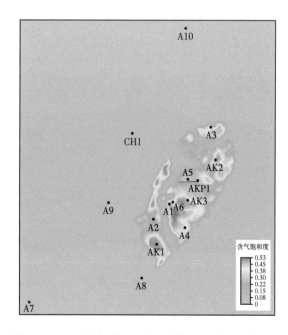

图 6-1-17　四站气藏 PI2 小层含气饱和度平面分布图

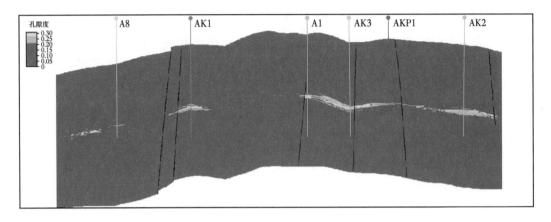

图 6-1-18　过 A8—AK2 井孔隙度剖面图

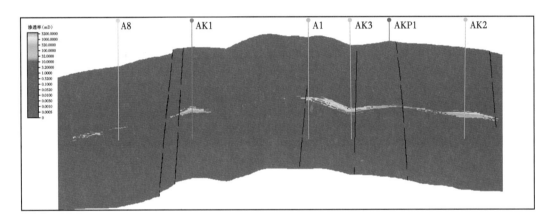

图 6-1-19　过 A8—AK2 井渗透率剖面图

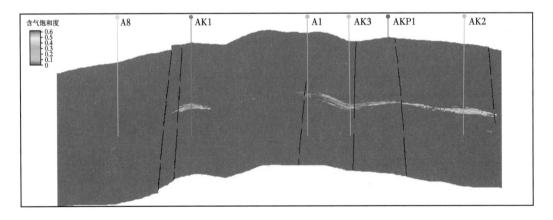

图 6-1-20　过 A8—AK2 井含气饱和度剖面图

四、模型储量计算

储量与储层地质模型的各项静态参数有着直接的关系，储层地质模型中的孔隙度、渗透率、油气水饱和度及净毛比的空间分布决定了油气藏中油气的空间分布。采用容积法，分层、分段进行逐个网格的储量计算，充分考虑了储层空间非均质性对储量计算的影响，从而提高计算精度。

第二节　数值模拟

一、物质平衡模型

利用物质平衡模拟技术，从气藏的基本地质特征出发，考虑流体特征、储层岩石压缩性，结合开发过程中气藏压力的变化以及生产历史数据，通过解析法和图解法两种方法来评价气藏的动态储量、边水的能量、边水入侵动态等内容，是后续所有研究工作的基础（图 6-2-1）。

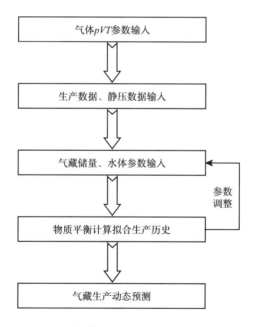

图 6-2-1　气藏物质平衡模型建立基本流程

建模原则是以现场提供数据为基准，参考单井实际生产情况以及工区现场研究人员的经验，对储层物质平衡模型的相关参数进行适当调整，使之更趋于符合油藏实际。以生产数据、测试数据、油田实际 pVT 数据为准，计算各项参数，仅根据动态数据及资料质量进行微幅调整。

国内外气藏测试资料显示，气藏周围都不同程度地存在水体，且 60% 以上的气井开发初期就大量产水，使得气藏压力动态特征曲线十分复杂，不易准确预测气藏动态储量。

而且气藏一般都具有较高的温度，使得气相中饱和了大量水蒸气，明显改变了天然气的相态，对气藏储量的准确预测带来了较大影响。要准确预测含水气藏的动态储量，应采用考虑气藏外部水侵及气相中水蒸气含量的含水气藏物质平衡方程。

（1）天然气基本性质数据。

定义黑油属性，如天然气密度、分离器压力、地层水矿化度、H_2S的摩尔分数、CO_2的摩尔分数、N_2的摩尔分数，并用实验室 pVT 数据非线性拟合修正公式（图6-2-2）。

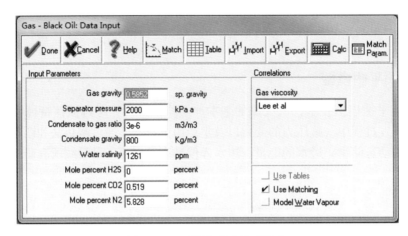

图6-2-2　天然气基本性质输入

（2）储层基本数据。

包括储层温度、压力、孔隙度、含水饱和度、动态储量及开始时间等（图6-2-3）。

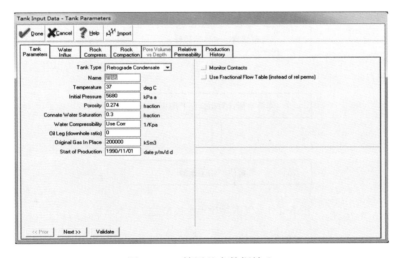

图6-2-3　储层基本数据输入

（3）水体大小、渗透率等预估参数。

定义水体，预先设置水体大小、渗透率等评估参数，作为拟合的基础。

（4）累计产量、压力监测数据。

输入油藏生产数据，包括时间、地层压力、累计产气量、累计产水量等（图6-2-4）。

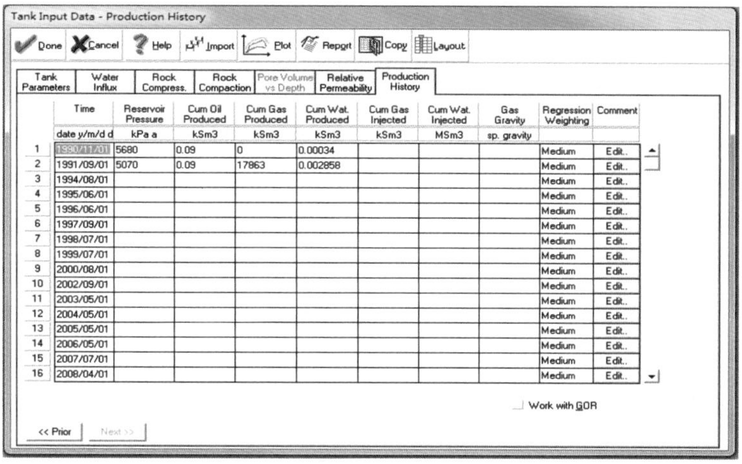

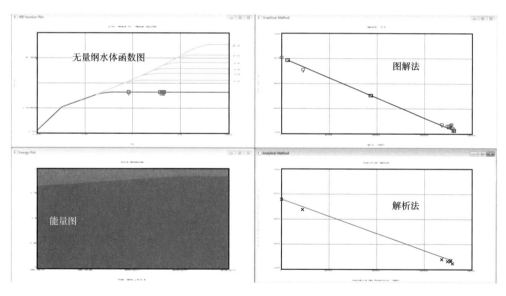

图 6-2-4　累计产量、压力监测数据输入

（5）历史拟合。

通过调整水体模型和动态储量来拟合地层压力，进行不确定参数回归分析（图 6-2-5），包括水体半径、水体厚度、渗透率、综合压缩系数等。

图 6-2-5　四站气藏已动用区历史拟合图

利用拟合好的物质平衡模型，可以计算储层现阶段动态储量、评价储量动用状况、计算驱动机制及各驱动能量变化状况、计算水体大小、评价水体活跃程度、预测储气库恢复地层压力对应注入气量等。

二、数值模拟模型

1. 基础历史拟合

四站气藏的历史拟合主要是对储量、区块压力、单井压力进行拟合，气储量拟合误

差 -2.1%（表 6-2-1 和图 6-2-6）。

表 6-2-1　四站气藏数模储量拟合表

气藏名称	气地质储量 （10^8m^3）	模型计算地质储量 （10^8m^3）	误差 （%）
四站	3.62	3.55	-2.1

图 6-2-6　四站气藏地层压力拟合图

　　四站气藏共有 2 口采气井，于 1990 年 11 月投入开采，为准确模拟气藏的生产动态变化，建模时以一个月为一个时间步建立了生产动态模型，产气井按定产气量进行拟合。从 1990 年 11 月投入开发至 2019 年 2 月，应用建立的不同时期的单井井筒模型的 *VLp* 曲线，根据实际生产井口压力计算流压，在拟合单井的压力主要是修改方向渗透率、垂向传导率和局部区域的相渗曲线。全区及单井地层压力、井口压力及流压得到较好的拟合，所有单井都得到较好拟合（图 6-2-7）。

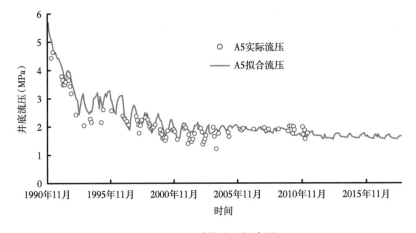

图 6-2-7　单井流压拟合图

气藏地层压力由原始的 5.81MPa 下降为建库前的 1.89MPa，平面上中部区已动用区地层压力稳定下降，储层整体连通性较好，南部区局部区域与中部区连通，AK1 井 2019 年 4 月测试地层压力 5.02MPa，较原始地层压力有一定的下降。

2. 注采试验拟合

2019 年，四站气藏开展注采试验，2019 年 7 月 10 日至 2019 年 9 月 9 日注气，2019 年 9 月 9 日 AK1 井采气，2019 年 10 月 10 日、2019 年 10 月 12 日 A6、AK3 开始采气，通过数值模型模拟这一过程，对照 A5 井地层压力，曲线显示拟合效果较好（图 6-2-8）。

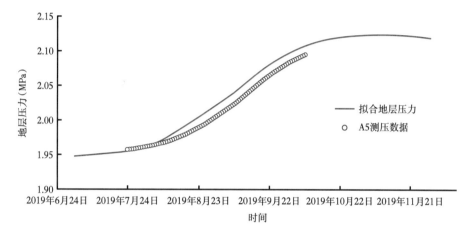

图 6-2-8 注采试验注气阶段 A5 井地层压力拟合图

第七章　储气库运行参数设计

储气库运行参数设计是储气库建库方案设计中最重要的部分之一。利用气藏开发资料和储气库建设阶段新增资料，设计科学、合理的运行参数，保证储气库平稳投产运行，同时为后续周期运行及注采方案编制提供依据。重点包括新钻井注采能力分析、储气库库容参数设计、运行压力区间及运行周期安排等。

第一节　储气库临界注采条件分析

一、临界携液流量

最小携液产气量是指在采气过程中，为使流入到井底的水或凝析油及时地被采气气流携带到地面，避免井底积液，需要确定出连续排液的极限产量。本次研究通过三种方法确定气井临界携液流量模型。

（1）Turner临界携液法：当最大Turner流速大于实际流速时，井筒内存在积液，此时气量如图7-1-1所示。

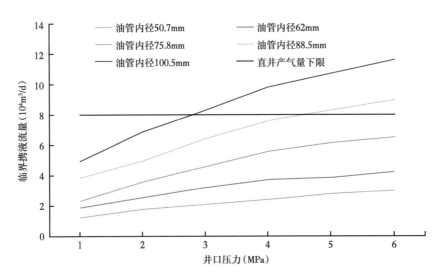

图7-1-1　不同管柱尺寸下Turner临界携液流量

（2）稳定携液图版法：出现红色显示时，液珠不能随气携出井口，而回流至井底，此时气量如图7-1-2所示。

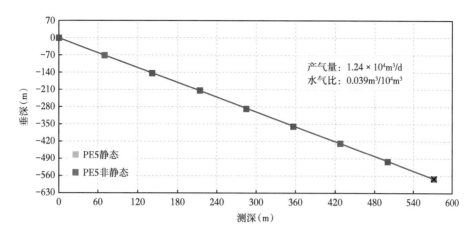

图 7-1-2 井筒稳定携液分析图

（3）井底流态法：井底流态处于过渡流内时，井底有积液，井底流体流动状态分析如图 7-1-3 所示。

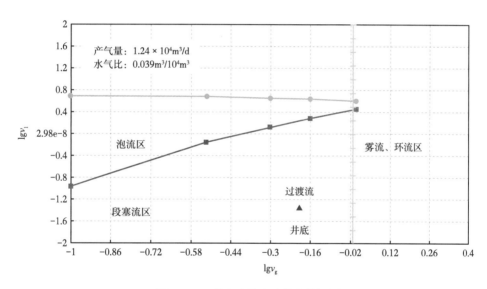

图 7-1-3 井底流体流动状态分析图

结果表明，当直井选择内径 75.8mm 及其以下油管内径、水平井选择 100.5mm 及其以下油管，气井携液能力较好，不会产生积液（表 7-1-1）。

表 7-1-1 不同油管内径临界携液流量表

井口压力 （MPa）	不同油管内径临界携液量（$10^4\text{m}^3/\text{d}$）				
	50.7mm	62mm	75.8mm	88.5mm	100.5mm
1	1.24	1.93	2.33	3.87	4.99
2	1.79	2.58	3.58	4.99	6.87

续表

井口压力 （MPa）	不同油管内径临界携液量（$10^4 m^3/d$）				
	50.7mm	62mm	75.8mm	88.5mm	100.5mm
3	2.07	3.21	4.59	6.43	8.29
4	2.40	3.72	5.57	7.62	9.82
5	2.78	3.88	6.18	8.29	10.69
6	2.99	4.22	6.51	9.02	11.63

二、临界冲蚀流量

冲蚀是指气体携带的 CO_2、H_2S 等酸性物质及固体颗粒对管体的磨损、破坏性较为严重，气体流动速度太高会对管柱造成冲蚀，但冲蚀一般不会发生在直管处，而发生在井口。研究气井临界冲蚀流量，主要是通过进行不同油管内径和井口压力敏感性分析，当实际流速大于最大冲蚀流速时，管柱存在冲蚀，对应气量即为临界冲蚀流量[14]（表 7-1-2 和图 7-1-4）。

表 7-1-2　不同油管内径临界冲蚀流量表

井口压力 （MPa）	不同油管内径临界冲蚀流量（$10^4 m^3/d$）				
	50.7mm	62mm	75.8mm	88.5mm	100.5mm
1	11.84	18.42	27.75	37.71	43.14
2	18.22	28.32	39.07	51.26	66.38
3	22.59	34.77	47.97	62.92	82.33
4	22.59	36.48	53.84	77.22	102.10
5	28.03	43.13	64.63	85.55	107.56
6	34.77	53.51	70.81	94.77	120.00

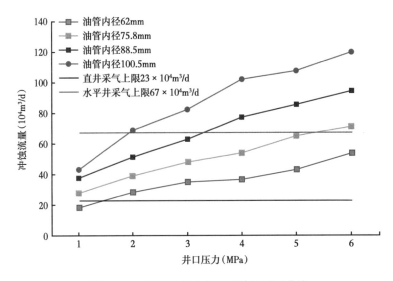

图 7-1-4　不同油管内径临界冲蚀流量曲线

结果表明，当油管内径为 50.7~100.5mm 时，在不同井口压力下，冲蚀流量为（11.8~120）×10⁴m³/d。直井选择内径 50.7mm 及其以上油管内径，水平井选择 75.8mm 及其以上油管内径时，不会产生冲蚀。

综合以上分析，建议直井采用 3½in（内径 75.8mm）油管，水平井采用 4½in（内径 100.5mm）油管。

三、井筒水合物形成风险分析

四站气藏不同区块气体组成成分相似，因此选用统一气体组分开展井筒冻堵临界条件分析。由于Ⅰ型水合物形成温度要高于Ⅱ型水合物形成温度，应将Ⅰ型作为冻堵界限进行生产调控（图 7-1-5 和图 7-1-6）。

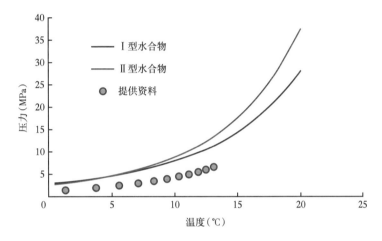

图 7-1-5　四站气藏不同类型水合物形成条件对比（纯水）

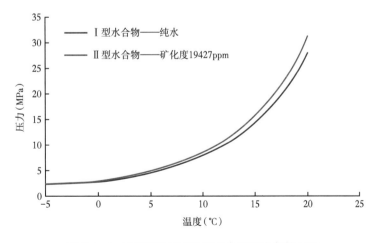

图 7-1-6　不同矿化度下Ⅰ型水合物形成条件对比

在单井模型中可以应用水合物形成图版，评价气井井口冻堵风险。当井筒温压剖面井口端与水合物形成条件线重合，此时的气量即为井口防冻堵临界产气量。

通过分析生产井关井前生产状况，同时考虑产出水矿化度，结果显示井口温压均高于形成水合物条件，表明四站气藏气井采气时井口冻堵可能性不大（图7-1-7）。

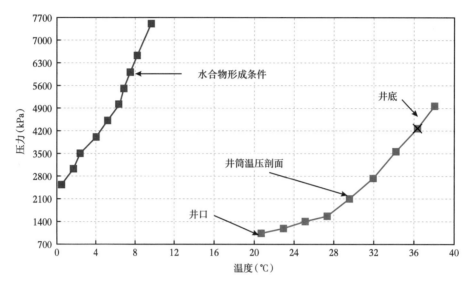

图7-1-7　A5井防冻堵临界产气量预测

四、井筒携砂能力分析

应用井筒模型开展井筒携砂相关敏感性分析。结果表明，气体流速、最大携砂粒径与日产气成正比，与油管内径成反比，日产气大于$4.95×10^4m^3$时携砂粒径可以达到25.4mm；同时，水气比越大，需携砂气量越低，油管内径越大，需携砂气量越高（图7-1-8至图7-1-10）。

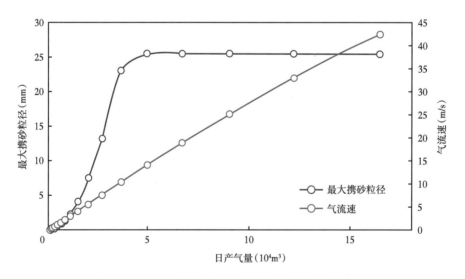

图7-1-8　日产气量与最大携砂粒径、气流速关系曲线

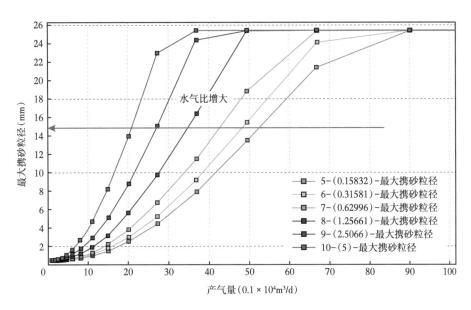

图 7-1-9　不同水气比下日产气量与最大携砂粒径关系曲线

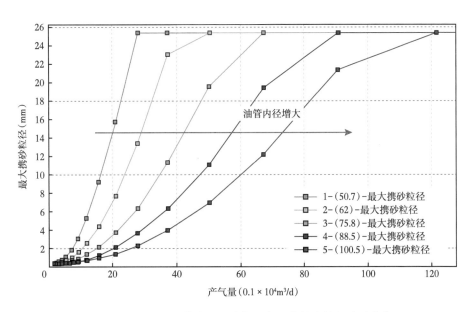

图 7-1-10　不同油管内径日产气量与最大携砂粒径关系曲线

第二节　储气库注采能力分析

四站气藏中部区带储层具有一定的非均质性，A6 与 AK3 井距离 650m，初期产能及折算渗透率（约 15mD）相近，表明该区域存在低渗区。根据有效厚度、孔隙度、渗透率、单井产能的不同，将储层划分为 3 类。（图 7-2-1 和图 7-2-2，表 7-2-1）。

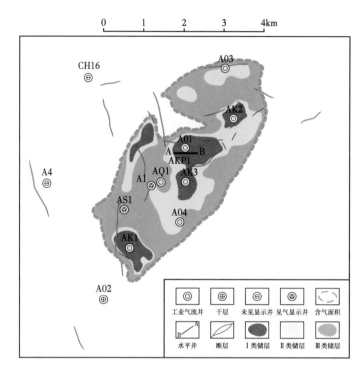

图 7-2-1　四站气藏储层分类平面图

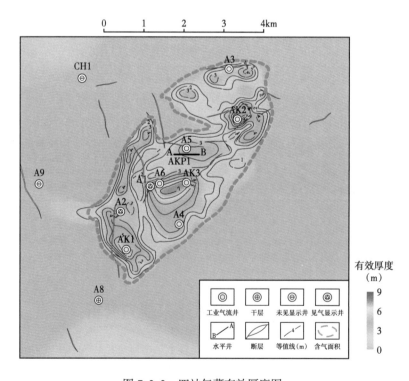

图 7-2-2　四站气藏有效厚度图

表 7-2-1　四站储气库群储层分类依据表

分类	有效厚度 （m）	孔隙度 （%）	渗透率 （mD）	单井无阻流量 （$10^4 \text{m}^3/\text{d}$）
I 类	>3	>28	>90	12.5~22.9
II 类	2~3	26~28	20~90	9~12.5
III 类	<2	<26	<20	<9

依据储层划分情况，结合实际生产井，对分区产能进行预测。对老井无阻流量根据实际生产情况进行校正，在原始地层压力下 I 类井无阻流量为（14~22.9）×$10^4 \text{m}^3/\text{d}$，II 类井无阻流量为（9.5~14）×$10^4 \text{m}^3/\text{d}$，III 类井无阻流量小于 9.5×$10^4 \text{m}^3/\text{d}$。（表 7-2-2 和表 7-2-3）。

表 7-2-2　储量分类气井产能代表井

分类	井号
I 类井	AK1、C4、A5
II 类井	C6
III 类井	C5

表 7-2-3　单井不同地层压力下无阻流量表

区块	井号	不同压力下无阻流量（$10^4 \text{m}^3/\text{d}$）					
		2.3MPa	3MPa	4MPa	5MPa	5.81MPa	6.36MPa
四站	A5	4.1	6.1	10.2	15.3	19.4	
	A6	1.5	1.9	2.5	3.3	3.6	
	AK3	4.2	5.9	8.5	12.3	17.6	
	AK1	3.6	6.1	10.9	15.7	22.9	
	C4	3.1	4.7	7.1	10.3	13.4	15
	C6	2.2	3.7	6.6	9.5	12.4	13.9
	CK1	4.9	7.2	11.8	15.2	19.4	22.1
	C5	1.5	2.5	4	6	8.5	9.5

气井产能测试方法主要包括回压试井法、等时试井法、修正等时试井法和简化的单点试井法，其中修正等时试井和单点试井在矿场应用最为普遍[15]。通过建立压力平方的生产压差与产气量函数关系，得到井底流压为大气压时气井的绝对无阻流量，进而开展气井产能分析。目前，常用的产能方程包括指数式、二项式和一点法方程。本次采用二项式产能方程，它又称为 LIT 分析，即"层流、惯性—紊流分析（Laminar-inertial-turbulent Flow Analysis）"，这是由 Forchheimer 和 Houpeurt 提出来的，是一种根据流动方程的解，经过

较为严格的理论推导而得出的产能方程。其数学表达式为：

$$p_r^2 - p_{wf}^2 = \frac{42.42\times10^3\overline{\mu_g}Z\overline{T}p_{sc}}{KhT_{sc}}q_g\left(\lg\frac{8.091\times10^{-3}Kt}{\phi\overline{\mu_g}C_tr_w^2}+0.8686S_a\right)$$ （7-2-1）

令

$$A = \frac{42.42\times10^3\overline{\mu_g}Z\overline{T}p_{sc}}{KhT_{sc}}\left(\lg\frac{8.091\times10^{-3}Kt}{\phi\overline{\mu_g}C_tr_w^2}+0.8686S\right)$$ （7-2-2）

$$B = \frac{36.85\times10^3\overline{\mu_g}Z\overline{T}p_{sc}}{KhT_{sc}}D$$ （7-2-3）

则上式简化为：

$$p_r^2 - p_{wf}^2 = Aq_g + Bq_g^2$$ （7-2-4）

式中　p_r——地层原始静压，MPa；

　　　p_{wf}——井底流动压力，MPa；

　　　Q_g——气井井口产量，$10^4\mathrm{m^3/d}$；

　　　K——地层有效渗透率，mD；

　　　h——地层有效厚度，m；

　　　$\overline{\mu_g}$——气层平均状态下的参考黏度，mPa·s；

　　　p_{sc}，T_{sc}——气体标准状态下的压力和温度，$p_{sc}=0.1013$MPa，$T_{sc}=273.15$K；

　　　ϕ——气层孔隙度；

　　　C_t——地层综合压缩系数，$\mathrm{MPa^{-1}}$；

　　　t——时间，h；

　　　S_a——视表皮系数；

　　　S——真表皮系数；

　　　D——非达西流系数，$(\mathrm{m^3/d})^{-1}$；

　　　r_w——井的折算半径，m；

　　　Z——天然气压缩因子；

　　　$\overline{T}$——平均地层温度，K。

其式中的系数 A、B 分别代表储层中层流和湍流系数。

通过分析可以看出，影响气井产能的主要因素归纳起来有三个，一是井筒附近的地层系数（Kh），二是地层压力（p_r）和生产压差（Δp），三是以表皮系数（S）表示的完井质量。

应用上述方法确定储气库Ⅰ类直井、Ⅱ类直井、Ⅲ类直井及Ⅰ类水平井、Ⅱ类水平井产能方程[16-18]（表7-2-4）。

表 7-2-4　储量分类气井产能代表井

分类	井型	原始地层压力 （MPa）	产能方程	Q_{AOF} （$10^4 m^3/d$）
Ⅰ类井	直井	5.81	$p_r^2 - p_{wf}^2 = 138.59 Q_g + 2.2681 Q_g^2$	22.9
Ⅱ类井	直井	5.81	$p_r^2 - p_{wf}^2 = 202.819 Q_g + 53.263 Q_g^2$	13.9
Ⅲ类井	直井	5.81	$p_r^2 - p_{wf}^2 = 373.188 Q_g + 37.956 Q_g^2$	9.5
Ⅰ类井	水平井	5.81	$p_r^2 - p_{wf}^2 = 46.0899 Q_g + 0.004371 Q_g^2$	70.6
Ⅱ类井	水平井	5.81	$p_r^2 - p_{wf}^2 = 87.6166 Q_g + 0.010485 Q_g^2$	37.2

一、采气能力预测

1. 直井采气能力

通过绘制各类直井流入流出动态曲线，分类计算在地层压力 2.3~6.5MPa 时Ⅰ类直井产气量为（0.7~22.8）×$10^4 m^3/d$，平均产气量 10.6×$10^4 m^3/d$；Ⅱ类直井产气量为（0.4~13.1）×$10^4 m^3/d$，平均产气量 5.9×$10^4 m^3/d$；Ⅲ类直井产气量为（0.2~9）×$10^4 m^3/d$，平均产气量 3.8×$10^4 m^3/d$（图 7-2-3 至图 7-2-5）。

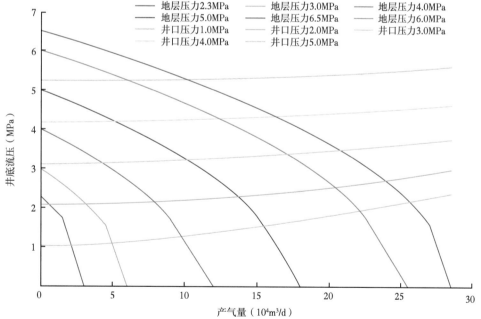

图 7-2-3　Ⅰ类直井采气能力预测曲线

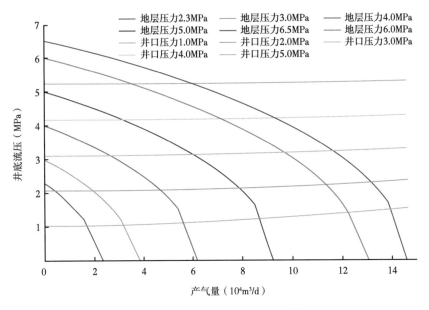

图 7-2-4 Ⅱ类直井采气能力预测曲线

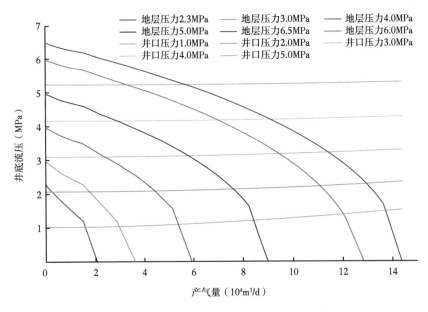

图 7-2-5 Ⅲ类直井采气能力预测曲线

2. 水平井采气能力

通过绘制各类水平井流入流出动态曲线，计算得到在地层压力 2.3~6.5MPa 时 Ⅰ 类水平井产气量为（3~67.1）×10⁴m³/d，平均产气量 29.6×10⁴m³/d；Ⅱ类水平井产气量为（2.1~41.8）×10⁴m³/d，平均产气量 16.5×10⁴m³/d（图 7-2-6 和图 7-2-7）。

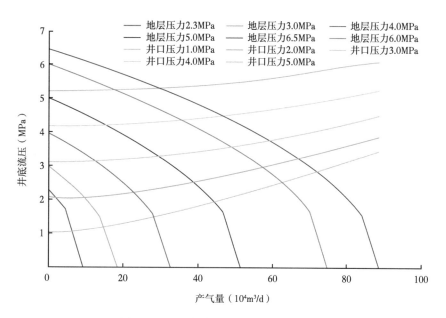

图 7-2-6　Ⅰ类水平井采气能力预测曲线

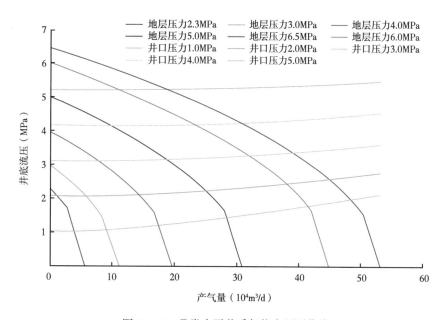

图 7-2-7　Ⅱ类水平井采气能力预测曲线

二、注气能力预测

1. 直井注气能力

通过节点分析方法，绘制不同井口压力条件单井流入流出曲线，确定不同条件下的生产协调点，计算当井口注气压力为 6MPa 时，不同地层压力下直井注气量为（2~25）×10⁴m³/d，平均注气量 15×10⁴m³/d（图 7-2-8）。

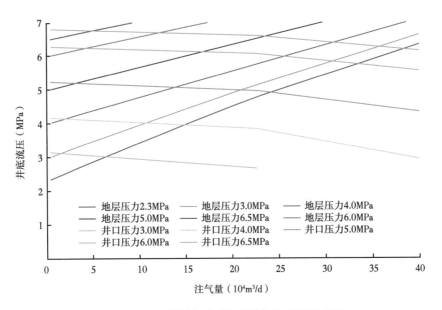

图 7-2-8　四站储气库群直井注气能力预测曲线

2. 水平井注气能力

通过节点分析方法，绘制不同井口压力条件单井流入流出曲线，确定不同条件下的生产协调点，计算当井口注气压力为 6MPa 时，注气量为（4~60）×10⁴m³/d，平均注气量37×10⁴m³/d，水平井注气量约是直井的 2.5 倍（图 7-2-9）。

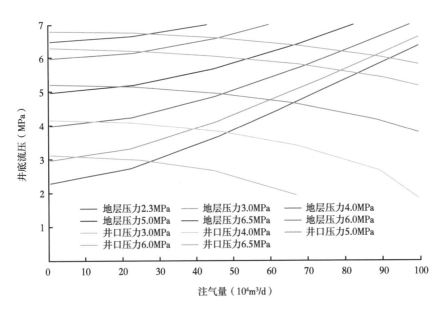

图 7-2-9　四站储气库群水平井注气能力曲线图

第三节　储气库群运行压力设计

一、上限压力

为了保证储气库安全，上限压力要确保储气圈闭密封性不遭到破坏，需要考虑包括断层密封性、盖层密封性以及不封闭水体边界密封性等多方面因素。

1.断层临界滑动地层压力

通过主要断层的分析，分析认为当前的应力状态下，断层都是稳定的。四站气藏最小的断层临界滑动地层压力约为 8.8MPa（表 7-3-1）。

表 7-3-1　主要断层统计分析表

区块	断层名称	当前状态	临界滑动地层压力（MPa）
四站	F7	稳定	8.8
	F21	稳定	9.5
	F27	稳定	10.8
	F28	稳定	10.8
	F46	稳定	14.8
	F67	稳定	11.3
	F73	稳定	12.0

2.最小水平主应力

四站气藏建库前目的层段地层压力系数为 0.46~1.02，地层压力值范围为 2.6~6.04MPa，最小水平主应力为 7.2~10.3MPa，最大水平主应力为 8.0~10.8MPa，垂向应力 12~12.7MPa，杨氏模量 6.5~9.5GPa，泊松比 0.26~0.32，单轴抗压强度 30.0~43.2MPa（表 7-3-2）。

表 7-3-2　四站气藏地应力和岩石力学参数统计表

井名	顶深（m）	底深（m）	杨氏模量（GPa）	泊松比	单轴抗压强度（MPa）	孔隙压力（MPa）	孔隙压力系数	最小水平主应力（MPa）	最大水平主应力（MPa）	上覆应力（MPa）
A1	552.0	560.0	8.2	0.34	25.2	4.5	0.83	9.4	9.8	12.1
A9	553.0	562.0	7.5	0.35	23.2	4.1	0.75	9.2	9.7	12.3
A5	568.8	572.8	6.7	0.35	21.3	5.8	1.03	10.1	10.6	12.0
A6	556.0	558.6	12.2	0.31	39.5	5.8	1.07	10.4	10.8	12.6
	559.4	561.4	11.7	0.32	37.8	5.7	1.04	10.3	10.8	12.6
	563.2	564.4	12.5	0.31	40.4	5.9	1.06	10.4	10.9	12.7
A2	566.0	572.0	10.3	0.33	32.6	6.1	1.09	10.2	10.6	12.0
A3	620.0	614.0	8.5	0.34	27.9	6.1	1.00	10.7	11.0	13.1
A4	576.2	579.4	9.3	0.33	30.2	5.7	1.00	10.5	10.8	13.0
	579.4	581.2	7.5	0.35	24.4	5.6	0.99	10.5	10.8	13.1
AK1	559.6	569.8	9.1	0.29	30.6	4.7	0.86	8.9	9.3	12.3
AK2	583.4	592.0	9.6	0.26	27.4	2.6	0.45	7.4	8.2	12.8
AK3	569.6	578.6	10.1	0.29	30.4	1.7	0.30	7.5	8.3	12.7

3. 盖层突破压力

根据突破压力实验结果可知，四站气藏盖层突破压力为 3.79MPa（表 7-3-3）。

表 7-3-3 四站气藏岩心突破压力测试结果

井号	岩心号	取样深度（m）	岩心高度（cm）	渗透率（mD）	突破压力（MPa）
C52	61	656.77	4.338	5.2500	0.024
	66	680.00	5.725	0.0251	1.344
	67	680.00	5.820	0.0226	1.412
	65	661.00	4.244	0.0910	3.583
A3	56	492.50	5.832	0.169	3.790

4. 盖层破裂压力

从 AK1 井压力剖面图可知，储层上覆盖层的最小破裂压力范围为 1.52~1.56sg，即盖层的破裂压力梯度为 1.52~1.56sg，因此，当盖层压力超过 7.8MPa，盖层出现破裂（图 7-3-1）。

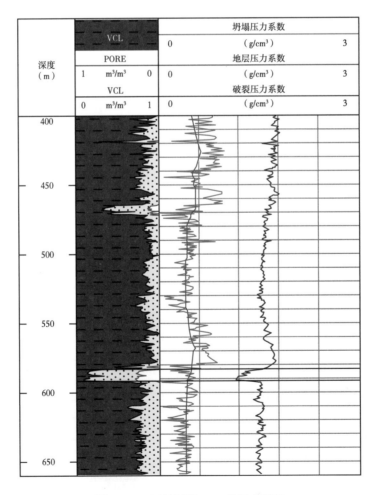

图 7-3-1 四站气藏 AK1 井压力剖面

5. 溢出点气体逸散临界压力

溢出点气体逸散临界压力计算公式如下:

$$p_{max} = 0.00980665 \rho_{water}(H_0 + H) \tag{7-3-1}$$

式中 p_{max}——气体逸散临界压力,MPa;

ρ_{water}——气体地层水密度,g/cm³;

H_0——气藏原始水柱高度,m;

H——气水界面距溢出点高度,m。

计算得到四站气藏溢出点气体逸散临界压力为6.2MPa。

6. 储气库运行上限压力设计

四站储气库群断层相对发育,为不破坏气藏原有的断层密封性,储气库上限压力初步设计为原始地层压力附近,后期运行过程中可开展提压试验逐步提压(表7-3-4)。

表7-3-4 四站储气库上限压力取值表

区块	上限压力					
	断层临界滑动压力(MPa)	最小水平主应力(MPa)	盖层突破压力(MPa)	盖层破裂压力(MPa)	溢出点气体逸散临界压力(MPa)	综合取值(MPa)
四站	8.8	7.2	9.5	7.8	6.2	6

二、下限压力

储气库运行下限压力设计既要保持合理的工作气规模,同时为保证月调峰气量计划,末期产能应在$4×10^4$m³/d以上,还要考虑压缩机入口压力限制。

利用库容量与地层压力关系式、气井地层IPR曲线、井筒动气柱管流计算等方法来计算运行下限压力。由于区块原始地层压力6MPa,储气库采气需要增压外输,压缩机进口压力为1.6~4.0MPa,出口压力为5.0~8.0MPa,进出口压力变化范围较大,由于压缩比的限制,压缩机进口压力最低为1.6MPa,折算所需井口压力2MPa。综合考虑多种因素确定储气库运行下限压力为2.3MPa。

第四节 储气库库容参数设计

一、建库选区评价

四站气藏北部区带储量规模小,且以产水为主,无法动用;南部区带AK1井试气获高产工业气流,地层压力4.64MPa,证实为未动用区块,计算地质储量$0.97×10^8$m³;中部区带AK2井试气产地层水,证实该井区为水侵区域,计算地质储量$2.44×10^8$m³,为建库主力区(图7-4-1)。

二、驱动机理判别

建立气藏已动用区物质平衡模型,拟合实际地层压力,p/Z曲线特征表明研究区水侵影响有限，目前驱动能量为水侵能量、孔隙弹性能量和流体膨胀能量，分别占比 0.2%、7.3% 和 92.5%，结果表明流体膨胀是该气藏主要的驱动能量（图 7-4-2 和图 7-4-3）。

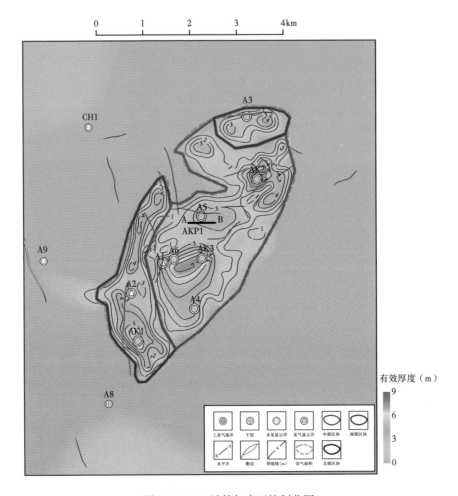

图 7-4-1　四站储气库区块划分图

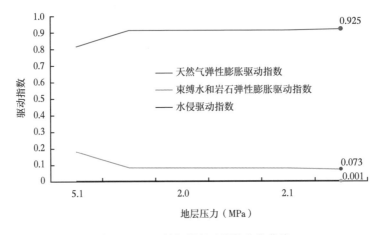

图 7-4-2　四站气藏驱动指数变化曲线

图 7-4-3 四站气藏驱动能量变化图

三、有效水体规模

依据校核后的物质平衡模型，计算四站气藏目前水体大小 $173.65 \times 10^4 m^3$，累计水侵量 $1.25 \times 10^4 m^3$，折算动态水体倍数 0.4 倍，目前水侵替换系数 0.004，水驱指数 0.002，表现为弱活跃水体（表 7-4-1，图 7-4-4 和图 7-4-5）。

表 7-4-1 四站气藏水体评价表

天然气储量（$10^8 m^3$）	水体大小（$10^4 m^3$）	水侵量（$10^4 m^3$）	水体倍数
2.44	173.65	1.25	0.4

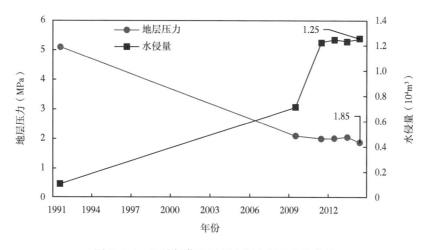

图 7-4-4 四站气藏地层压力与水侵量变化曲线

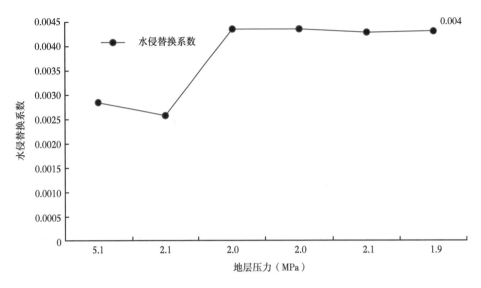

图 7-4-5　四站气藏水侵替换系数变化曲线

四、交替注采水侵量的变化及对库容影响

多周期注采岩心实验结果表明，随着气水互驱次数增加，气水两相共渗区间变窄，等渗点下移，表明水体往复运移导致气水过渡带气相渗流能力降低，孔隙空间动用率下降[19-20]，6 轮注采之后孔隙空间动用率由 86.4% 下降至 77%（图 7-4-6 和图 7-4-7）。

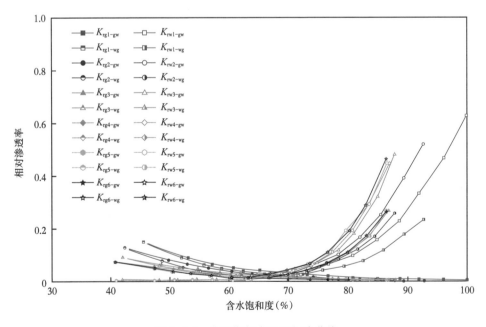

图 7-4-6　多周期气水互驱相渗曲线

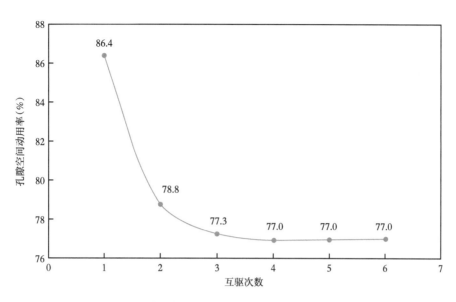

图 7-4-7 多周期孔隙空间动用率与互驱次数关系曲线

四站气藏中部已动用区累计水侵量 $1.27 \times 10^4 m^3$，随着地层压力的变化，水侵量呈持续下降过程，注采五个周期后为 $1.1 \times 10^4 m^3$，下降了 13%，五个周期后气驱水可增加库容 $9.27 \times 10^4 m^3$，可以看到交替注采水侵量的变化及对库容影响较小，说明仅靠正常注采驱替水体扩容空间有限（图 7-4-8）。

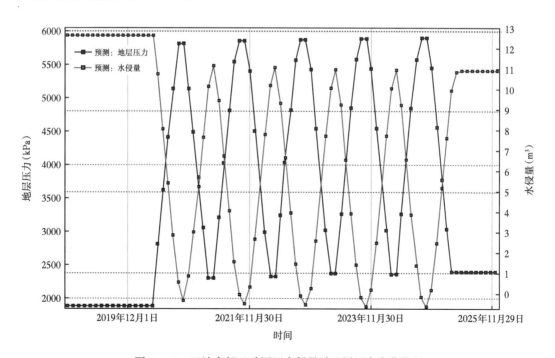

图 7-4-8 四站中部已动用区水侵量随地层压力变化状况

五、库容量评价

四站气藏水体能量较弱，交替注采水侵量的变化及对库容影响较小，多周期注采库容增量可忽略不计，因此计算库容量时可以忽略水侵影响，将四站气藏视为近似定容封闭气藏[21-22]。

库容量评价又可分为最大库容量和有效库容量。其中最大库容量指储气库达到设计上限压力时的库存量，有效库容量是特指油侵或水侵型气藏改建储气库，所具有的有效孔隙空间在储气库运行上限压力的可储层的气量。由于四站储气库近似为定容封闭气藏，所以有效库容量与最大库容量相同。

根据定容气藏的物质平衡原理，通过压降法计算各区带的动态储量，进而计算各区带在原始地层条件下对应的天然气体积系数及天然气地下体积，即可计算出有效库容量（最大库容量）[23]。四站储气库在达到上限压力 6MPa 时，有效库容量为 $2.99×10^8m^3$，其中中部区带有效库容量为 $2.12×10^8m^3$，南部区带有效库容量为 $0.87×10^8m^3$。

六、工作气量评价

1. 物质平衡方法

应用物质平衡方法全组分模型模拟多周期注采变化（图 7-4-9），可以分区带预测储气库恢复至上限压力过程中，所需垫气量和工作气量。

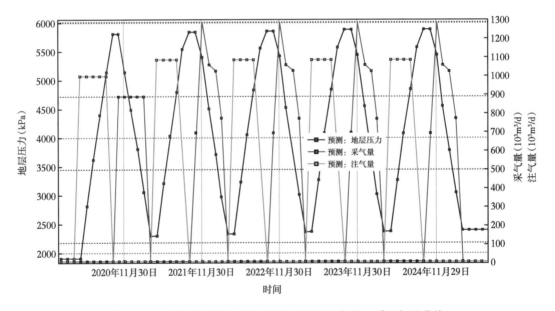

图 7-4-9　四站储气库已动用区压力与日注入气量、采出气量曲线

四站气藏中部已动用区建库前地层压力 1.89MPa，恢复至上限压力 6.0MPa 时，所需注入气量 $1.54×10^8m^3$，此时库容量为 $2.14×10^8m^3$（表 7-4-2）。建库前剩余气量 $0.6×10^8m^3$，计算得到需补充气垫气量为 $0.17×10^8m^3$（图 7-4-10）。储气库在压力区间 2.3~6MPa 之间运行时，计算得到工作气量 $1.38×10^8m^3$（图 7-4-11）。

表 7-4-2　四站已动用区恢复地层压力与库容对应表

地层压力 （MPa）	地下剩余气 （$10^8 m^3$）	气藏注入 （$10^8 m^3$）	中部区库存量 （$10^8 m^3$）
2.3	0.60	0.17	0.77
3	0.60	0.38	0.98
4	0.60	0.76	1.36
5	0.60	1.18	1.78
6	0.60	1.54	2.14

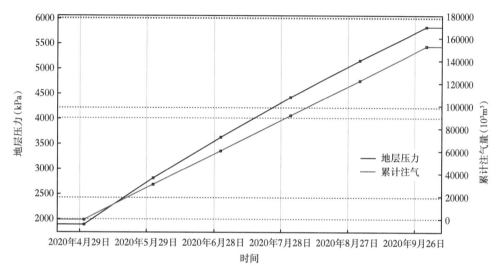

图 7-4-10　四站储气库已动用区恢复压力与注入气量曲线

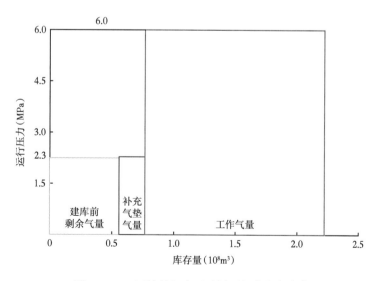

图 7-4-11　四站储气库已动用区气藏库容参数

111

南部未动用区可根据中部按已动用区的单位压降采气量进行折算，计算得到南部未动用区工作气量为 $0.72 \times 10^8 m^3$。

最终计算得到四站储气库总工作气量为 $2.1 \times 10^8 m^3$。

2. 数值模拟方法

四站气藏注采试验后中部区地层压力 1.9MPa，将南部区模拟生产 2 年待地层压力与中部区持平后一起预测，在设计压力区间 2.3~6.0MPa 运行时，数值模型计算注采五轮平均采气量为 $1.7 \times 10^8 m^3$，计算得到四站储气库工作气量 $1.7 \times 10^8 m^3$（图 7-4-12）。

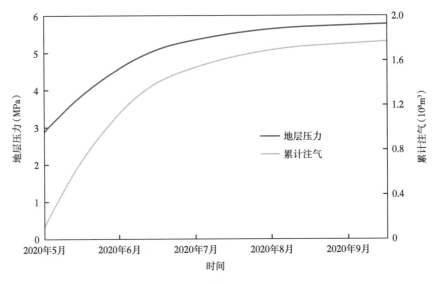

图 7-4-12　四站储气库地层压力与注入气量曲线（数模模型）

利用数值模拟模型估算工作气量具有以下几点优势：

（1）考虑气体相对密度、气体组分及压缩因子等参数随温度、压力的变化；

（2）考虑注气压力恢复后水侵量的变化对库容的影响；

（3）快速、直观获得不同压力下储气量及对应流体参数；

（4）考虑压力扩散不均衡导致的单位压降采气量降低。

综合以上因素，优选数值模拟计算结果确定工作气量，四站储气库群工作气量 $1.7 \times 10^8 m^3$，工作气量占库容量的 56.8%，其中四站中部区带工作气量 $1.2 \times 10^8 m^3$，四站南部区工作气量为 $0.5 \times 10^8 m^3$（表 7-4-3）。

表 7-4-3　储气库群工作气量优选对比表

区块	单位压降采气（$10^8 m^3$）	动态储量（$10^8 m^3$）	累计产气（$10^8 m^3$）	库容（$10^8 m^3$）	工作气量（$10^8 m^3$）
四站中部	0.37	2.12	1.48	2.12	1.2
四站南部	—	0.87	—	0.87	0.5
合计		2.99	1.48	2.99	1.7

七、气垫气量评价

储气库运行方式采用"先注后采"的模式，建库前地层压力较低，未达到储气库运行下限压力，需要先注入气垫气。根据计算中部区带气垫气量 $0.92 \times 10^8 m^3$，需补充气垫气量 $0.28 \times 10^8 m^3$；南部区带气垫气量 $0.36 \times 10^8 m^3$，由于该区块未动用，地层压力较高，不需要补充气垫气量（表 7-4-4）。

表 7-4-4 四站、C4 储气库库容参数设计总表

区块	上限压力（MPa）	下限压力（MPa）	库容（$10^8 m^3$）	工作气量（$10^8 m^3$）	气垫气量（$10^8 m^3$）	补充气垫气量（$10^8 m^3$）
四站已动用区	6	2.3	2.12	1.2	0.92	0.28
四站南部区	6	2.3	0.87	0.5	0.36	0
合计	—	—	2.99	1.7	—	—

第五节 储气库运行周期设计

结合储气库实际运行特点、注采运行维护、动态资料录取及地区季节用气量需求，将四站储气库全年运行分为五个阶段，分别是采气期、注采过渡期、注气期、注采过渡期、采气期。安排注采过渡期有两个目的，一是注采后关井平衡压力，能取得可靠的地层压力资料；二是对地面压缩机等设备进行检修，以保证储气库正常运行。

四站储气库初始运行采取"先注后采"方式，注气期为每年 5—9 月，共 153 天，采气期为当年 11 月到次年 3 月，共 153 天，平衡期春季秋季各 30 天，共 60 天（表 7-5-1）。

表 7-5-1 运行时间安排表

分项	时间（月）											
	1	2	3	4	5	6	7	8	9	10	11	12
采气期												
注采过渡期												
注气期												

第八章 井位部署设计

储气库井位部署设计是前期地质与气藏研究成果的综合体现，是钻采工程和地面工程方案设计的重要依据。主要包括注采井位部署设计、常规监测井位部署设计、微地震监测井位部署设计、监测方案及监测工作量安排等。

第一节 注采井位部署

一、部署原则

基于气藏地质特征及气藏工程研究成果，并结合气藏生产动态资料，开展注采井位部署。井位部署遵循以下原则：

（1）四站气藏储层单一，主力建库层位为PI2小层，设计采用一套层系建立储气库；

（2）注采井数根据单井的平均日注采量和储气库的工作气量、注采周期确定；

（3）优选构造相对有利、储层相对发育部位部署注采井；

（4）在地质动态认识更落实部位采用水平井，在无井控制的区域原则上优先采用直井，靠近气藏边部、构造位置相对较低部位优先采用直井；

（5）采用"整体部署、分批实施、逐步优化"的方式。

二、井网参数设计

1. 水平井长度论证

模拟分析不同水平段长度套管下入情况，结果表明水平段长度在1000m时套管下入会发生屈曲，存在套管下入遇阻或下不到位风险。因此，单井水平井段长度应小于1000m。

通过分析水平段长度与无阻流量和钻井费用之间的关系可知，无阻流量和钻井费用在水平段长度700m以下同比上升，在700m后无阻流量增幅放缓，费用仍然直线上升，单位无阻流量费用大幅增加，因此建议水平段长度采用700m（图8-1-1和图8-1-2）。

2. 井控半径预测

通过建立砂岩气藏储层高速注采模型，确定气井合理井控半径为200~300m，即井距为400~600m，合理井距与储层物性密切相关（图8-1-3）。

3. 注采井数预测

根据大庆油田历史调峰需求，制定相应的分月采气期产量。根据高峰月最大日调峰能力和单井注采能力，确定了方案相应的注采井数，四站储气库直井+水平井方案注采井数为6口直井、5口水平井；直井方案注采井数为19口直井（表8-1-1）。

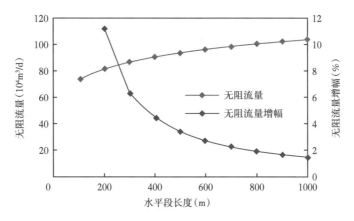

图 8-1-1 水平井长度与无阻流量关系曲线

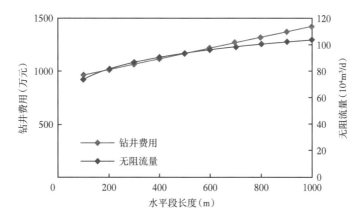

图 8-1-2 水平井长度与无阻流量、钻井投资费用关系曲线

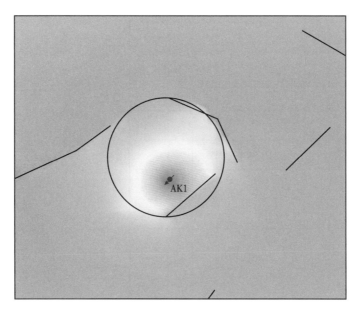

图 8-1-3 单井数值试井井控范围分析图

表 8-1-1　四站储气库群水平井 + 直井方案分月运行预测数据表

四站	I类直井						II类直井						I类井水平井						II类井水平井					
月份	10	11	12	1	2	3	10	11	12	1	2	3	10	11	12	1	2	3	10	11	12	1	2	3
地层压力（MPa）	6	5.28	4.08	3.28	2.52	2.30	6.00	5.28	4.08	3.28	2.52	2.30	6.00	5.28	4.08	3.28	2.52	2.30	6.00	5.28	4.08	3.28	2.52	2.30
平均产能（10^4m^3）	19.7	14.5	8.4	3.7	2.9	0.7	11.2	8.2	4.7	2.1	1.7	0.4	60.9	43.8	25.3	11.8	10.7	3.0	37	25.82	14.67	7.05	7.02	2.12
井数（口）			6						0						1						4			
单井平均日采气量（10^4m^3）	—	17.1	11.45	6.05	3.3	1.8	—	9.7	6.45	3.4	1.9	1.05	—	52.36	34.55	18.56	11.28	6.87	—	31.41	20.25	10.86	7.03	4.57
开井数（口）	—	2	6	6	6	6	—	0	0	0	0	0	—	1	1	1	1	1	—	1	4	4	4	4
月产气量（10^8m^3）	—	0.10	0.21	0.11	0.06	0.03	—	0	0	0	0	0	—	0.16	0.11	0.06	0.03	0.02	—	0.09	0.25	0.13	0.08	0.06
合计月产气量（10^8m^3）	—	0.35							0.57							0.30	0.17							0.11
日均采气量（10^4m^3）	—	118.0							184.2							101.6	55.4							35.9
当月日调峰需求（10^4m^3）	—	112							177							119	127							32

三、部署成果

1. 直井方案

四站储气库注采井共 19 口，其中新钻井 15 口（表 8-1-2）。

表 8-1-2 四站储气库群注采井设计数据表（直井方案）

区域	库容（$10^8 m^3$）	工作气量（$10^8 m^3$）	井数（口）	井距（m）
四站中部区	2.12	1.2	直井：12（老井 2 口） 水平井：1（老井 1 口）	400~600
四站南部区	0.87	0.5	直井：6（老井 1 口）	400~600
合计	2.99	1.7	19	400~600

在采气期，保证 19 口井采气，保证最大日调峰能力 $180×10^4 m^3$，平均单井采气能力 $8.8×10^4 m^3/d$。

在注气期，保证 19 口井注气，保证最大日注气能力 $150×10^4 m^3$，平均单井注气能力 $8.3×10^4 m^3/d$（图 8-1-4）。

图 8-1-4 四站储气库井网部署图（直井方案）

2. 水平井 + 直井方案

四站储气库共部署注采井 11 口，其中新钻井 7 口。（表 8-1-3，图 8-1-5 ）。

表 8-1-3　四站储气库注采井设计数据表

区域	库容（$10^8 m^3$）	工作气量（$10^8 m^3$）	井数（口）	井距（m）
四站中部区	2.12	1.2	直井：3（老井利用 2 口）水平井：4（老井利用 1 口）	400~600
四站南部区	0.87	0.5	直井：3（老井利用 1 口）水平井：1	400~600
合计	2.99	1.7	11	400~600

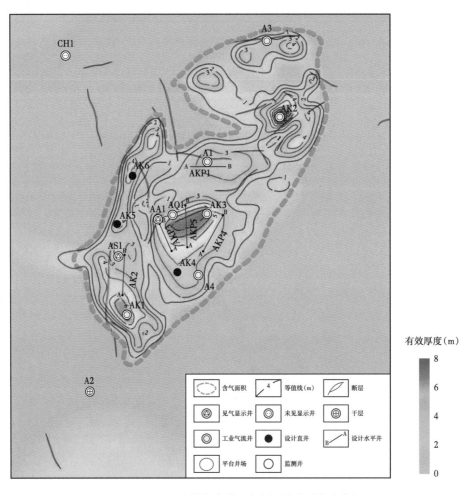

图 8-1-5　四站储气库井网部署图（水平井方案）

在采气期，保证 11 口井采气，保证最大日调峰能力 $180×10^4 m^3/d$，直井平均单井采气能力 $9.5×10^4 m^3/d$，水平井平均单井采气能力 $19.1×10^4 m^3/d$。

在注气期，保证 11 口井注气，保证最大日注气能力 $150×10^4 m^3/d$，平均单井注气能力 $14.5×10^4 m^3/d$。

按照"整体部署、分步实施"的原则,优选储层较落实,注采能力好的井优先实施,同时,结合钻井平台设计情况,确定首批实施井为 AK4、AKP2、AKP3、AKP4、AKP5。实施后重新评价构造、储层、气水关系等,根据新的评价结果,AK5、AK6 井作为二批井可调整设计再实施。

四、方案模拟对比与优化

结合储气库方案部署,进行方案数值模拟预测研究,综合考虑防出砂、临界携液、临界冲蚀、地应力限制、最小产气量等生产约束限制条件,参照实际分月注采气量安排,进行分月开井数设计,对储气库生产潜力进行预测,为储气库安全、平稳运行提供有力依据。

对比四站储气库不同方案,在约束条件一致情况下,分别模拟预测 5 个周期,结果显示直井方案地层压力下限未达到设计要求,分析主要是直井泄气半径较小,采气过程中受井距影响,动用不均,水平井 + 直井方案在第三周期达到工作气量设计指标 $1.7 \times 10^8 \mathrm{m}^3$,表明水平井 + 直井方案优于直井方案(图 8-1-6 至图 8-1-8,表 8-1-4)。

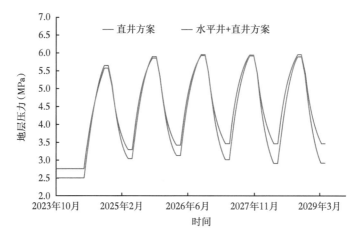

图 8-1-6 四站储气库不同方案地层压力对比

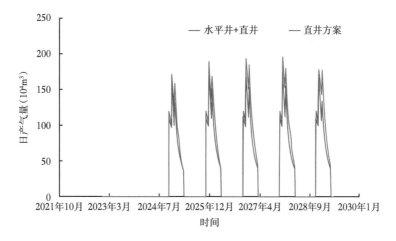

图 8-1-7 四站储气库不同方案日产气对比

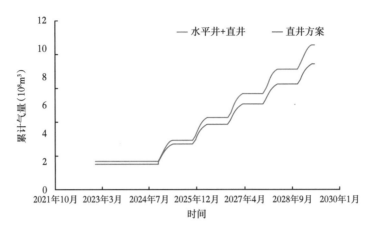

图 8-1-8　四站储气库不同方案累计产气量对比

表 8-1-4　不同方案多周期注采气对比

分类		阶段注气量（10^8m^3）					阶段采气量（10^8m^3）					平均注气（10^8m^3）	平均采气（10^8m^3）
		第一周期	第二周期	第三周期	第四周期	第五周期	第一周期	第二周期	第三周期	第四周期	第五周期		
四站储气库	直井方案	1.60	1.48	1.27	1.44	1.44	1.31	1.41	1.43	1.44	1.43	1.48	1.4
	直井 + 水平井方案	1.80	1.66	1.31	1.68	1.72	1.51	1.60	1.70	1.74	1.72	1.70	1.65

　　对比四站储气库水平井方案注气和采气末期地层压力变化平面图，大部分区域快速注采期间，能够充分动用，局部区域，如南部 F27 断层以西等区域受断层遮挡、储层厚度小、连通性差等原因，动用不均，压力传导相对滞后（图 8-1-9 和图 8-1-10）。

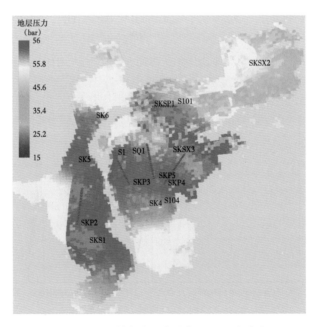

图 8-1-9　四站储气库注气末期地层压力分布图

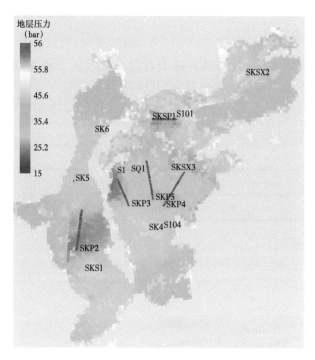

图 8-1-10　四站储气库采气末期地层压力分布图

五、达容达产周期预测

为减少风险，方案采用"整体部署、分批实施"的方式，根据注采井钻完井及地面工程部署实施安排，应用数值模拟模型预测储气库多周期阶段注采气量，分析储气库达容达产周期[24]。

四站储气库模拟运行压力区间 2.3~6MPa，2021 年底首批井参与采气，2022 年首批井注气，2022 年底二批井完钻，2022 年底全部井参与采气，2023 年全部井参与注气，预计 2023 年底达容 2.99×10⁸m³，2024 年工作气量达产 1.7×10⁸m³（图 8-1-11）。

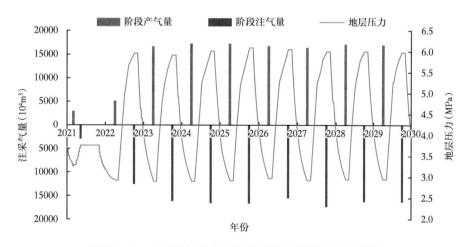

图 8-1-11　四站储气库多周期注采气及地层压力预测曲线

六、单井方案设计

四站储气库共部署注采井 11 口，其中直井 6 口，水平井 5 口，在此以 AK4 井和 AKP2 井为例，简要介绍四站储气库单井方案设计情况。

AK4 井位于四站中部区带 A4 井西北部 350m，目的层为葡一组 PI2 层，设计井深 770m。该井目的为四站中部区带主要注采气井。

表 8-1-5　AK4 井基础参数表

井名	预测对应砂岩顶面海拔（m）	设计井深（m）
AK4（目的层）	-433.4	640

过井主要特征简述如下：

（1）地震响应特征与已钻气井特征一致（中弱振幅），储层和含气性检测效果均较好（图 8-1-12）。

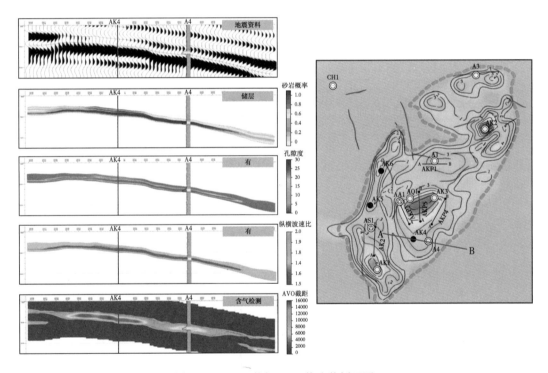

图 8-1-12　A4 井与 AK4 井连井剖面图

（2）从有效厚度模型、孔隙度模型预测剖面看，目的层有效厚度比较发育，物性较好（图 8-1-13 和图 8-1-14）。

AKP2 井位于四站南部区带 AK1 井北部 350m，距离西侧断层 0.35km，目的层为葡一组 PI2 层，水平段长度 700m，水平段延伸方向近南北向 AKP2 井基础参数见表 8-1-6。该井的目的为一是四站南部区带主要注采气井，二是落实四站南部区带储层发育情况，为下步第二批井 AK5、AK6 的调整提供依据。

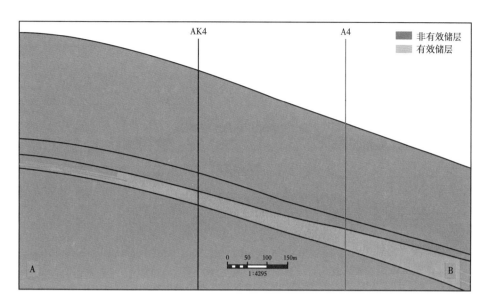

图 8-1-13 过 AK4—A4 井有效厚度模型预测剖面

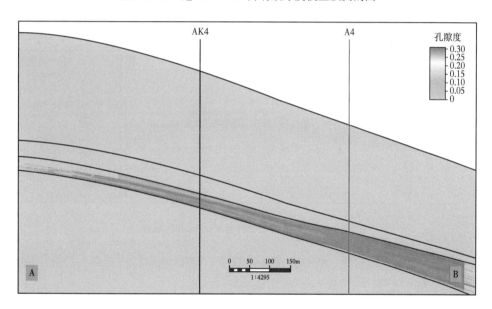

图 8-1-14 过 AK4—A4 井孔隙度模型预测剖面

表 8-1-6 AKP2 井基础参数表

井名	控制点	靶点有效厚度（m）	预测海拔深度（m）	预测对应砂岩顶面海拔深度（m）	设计水平段长度（m）
AKP2	入靶点 A	5.4	−432.9	−431.4	700
	控制点 A1	3.2	−431.9	−430.4	
	终靶点 B	2.6	−433.0	−431.5	

过井主要特征简述如下：

（1）从过 AKP2 地震剖面可以看出，地震响应特征低频弱反射，与已知井 AK1 特征一致（图 8-1-15）。

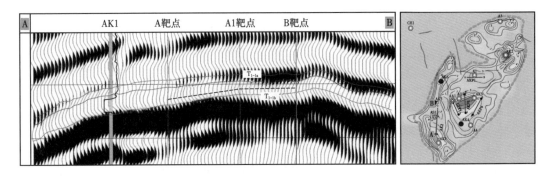

图 8-1-15　过 AKP2 井地震剖面

（2）从过 AKP2 纵横波比剖面可以看出，纵横波比速度比处于低值，有效储层较发育（图 8-1-16）。

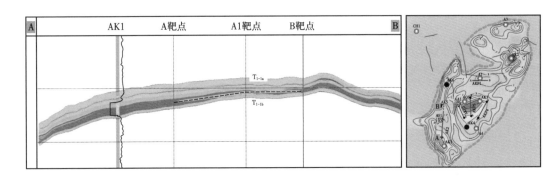

图 8-1-16　过 AKP2 井纵横波速度比剖面

（3）从过 AKP2 含气检测 -AVO 剖面可以看出，AVO 响应特征良好，目标层段含气性好（图 8-1-17）。

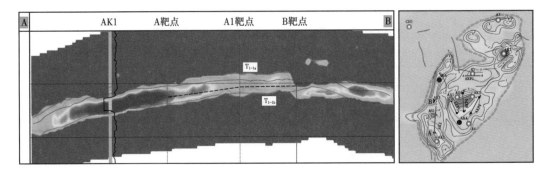

图 8-1-17　过 AKP2 井含气检测性检测——AVO 剖面

（4）从有效厚度模型、孔隙度模型预测剖面看，目的层有效厚度比较发育，物性较好（图 8-1-18 和图 8-1-19）。

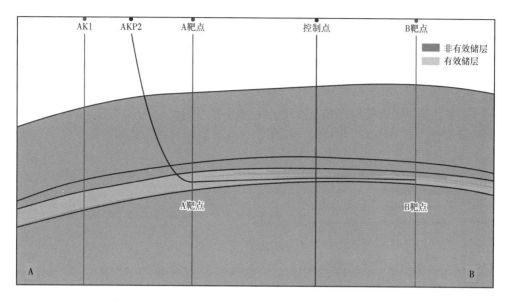

图 8-1-18　过 AK1—AKP2 井有效厚度模型预测剖面图

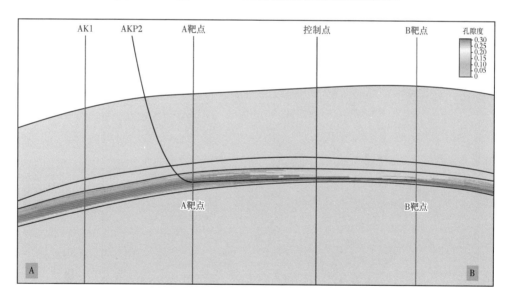

图 8-1-19　过 AK1—AKP2 井孔隙度模型预测剖面图

第二节　储气库群监测方案设计

储气库运行过程中高低压变化频繁，交变应力下盖层、断层易发生形变，造成圈闭密封性失效。为了及时掌握储气库运行状态，降低储气库运行风险，需要建立系统化、立体化、永久化的监测体系，通过科学、合理、有效地布置储气库监测井，重点监测储气库密封性、运行动态、气液界面变化等，为储气库安全、高效运行提供保障。

一、监测目的和设计原则

1. 监测目的

储气库监测主要对地下储气库建设过程中及投产运行后实施系统化、动态化的监测，准确地获取储气库各阶段各项动静态资料，为储气库建设和优化运行提供第一手资料。

2. 设计原则

（1）监测井优先考虑使用老井，提高老井利用率，降低工程成本；

（2）以监测需求为导向，按照监测压力、气液界面等不同的监测目的优选老井或部署新井。

二、常规监测井

四站储气库常规监测井共5口，2口为新钻井，老井利用3口。监测井部署井口附近均为农田，距离村庄较远（图8-2-1）。

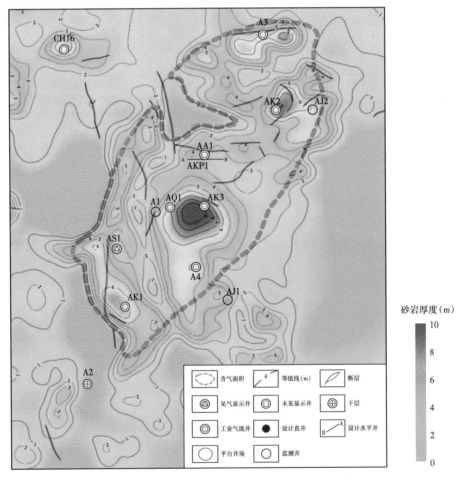

图 8-2-1　四站储气库监测井部署图（叠合砂岩厚度图）

溢出点监测井 1 口，为 AJ1 井，用于监测储气库运行过程中通过周边及圈闭溢出点可能存在的气体漏失，监测内容包括压力温度监测、示踪剂监测和流体性质及组分监测。

气液界面监测井 2 口为 A4 井（老井）、AJ2 井，用于监测储气库运行过程中流体运移及气液界面变化情况，监测内容包括示踪剂监测、探边测试、气液界面仪、中子测井等。

压力监测井 1 口，为 A6 井（老井），用于监测储气库周期地层压力变化情况，监测内容包括压力监测、压力温度梯度测试等。

盖层监测井 1 口，为 A1 井，用于监测盖层可能存在的天然气漏失，监测内容包括压力温度监测、地层水烃类含量、示踪剂监测等。

AJ1 井，位于四站中部区带 A4 东南 770m，目的层为葡一组 PI2 层，设计井深 735m，AJ1 井基础参数见表 8-2-1。该井目的为监测溢出点。

表 8-2-1 AJ1 井基础参数表

井名	预测对应砂岩顶面海拔（m）	设计井深（m）
AJ1（目的层）	-500.6	705

过井主要特征简述如下：

（1）地震响应特征与已钻气井特征一致（中弱振幅），储层和含气性检测效果均较好（图 8-2-2）。

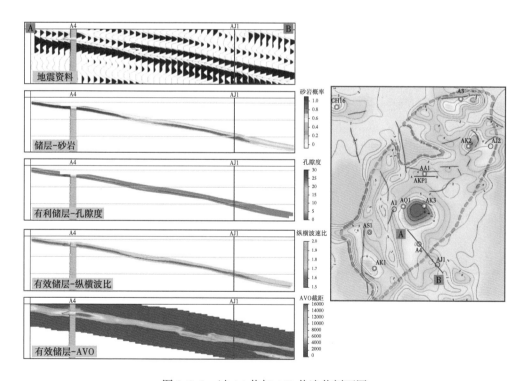

图 8-2-2 过 A4 井与 AJ1 井连井剖面图

（2）从储层厚度模型、孔隙度模型预测剖面看，目的层储层厚度比较发育，物性较好（图 8-2-3 和图 8-2-4）。

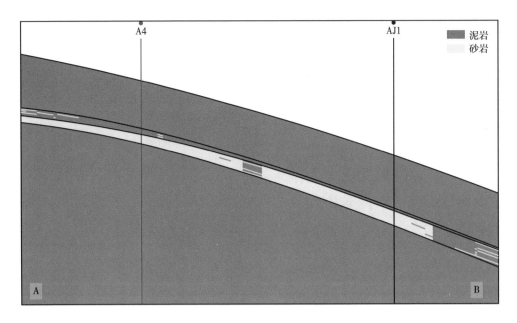

图 8-2-3　过 A4—AJ1 井储层模型预测剖面

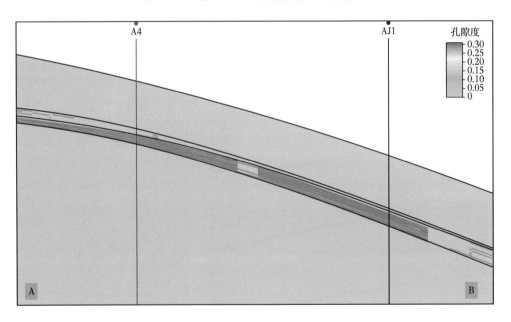

图 8-2-4　过 A4—AJ1 井孔隙度模型预测剖面

　　AJ2 井，位于四站中部区带 AK2 井区东部，目的层为葡一组 PI2 层，设计井深 700m，AJ2 井基础参数见表 8-2-2。该井目的为监测气液界面。

表 8-2-2　AJ2 井基础参数表

井名	预测对应砂岩顶面海拔（m）	设计井深（m）
AJ2（目的层）	−500.6	700

过井主要特征简述如下：

（1）地震响应特征与已钻气井特征一致（中弱振幅），储层和含气性检测效果均较好（图 8-2-5）。

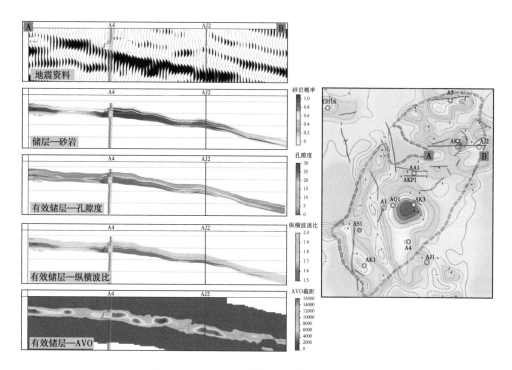

图 8-2-5　过 AK2 井与 AJ2 井连井剖面图

（2）从储层厚度模型、孔隙度模型预测剖面看，目的层储层厚度比较发育，物性较好（图 8-2-6 和图 8-2-7）。

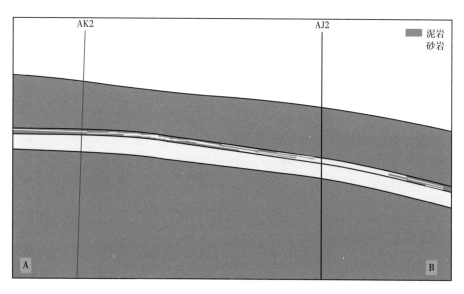

图 8-2-6　过 AK2 井与 AJ2 井储层模型预测剖面

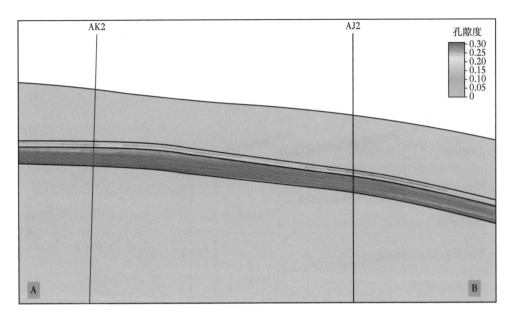

图 8-2-7　过 AK2 井与 AJ2 井孔隙度模型预测剖面

三、微地震监测

常规监测井只是对局部监测，监测范围有限，无法实现密封性和井筒损伤的实时监测。微地震监测对于断层的活动性、盖层的密封性、井筒的稳定性进行监测，微地震系统部署呈三维分布，可以对整个储气库群实现空间三维监测。监测方式是通过微地震波的采集、识别监测储层天然气流动可能引起的对断层或裂缝产生的影响，掌握气藏内部变化机制、裂缝和活动断裂构造信息，从而为储气库安全生产运行管理提供决策依据。

1. 微地震监测原理

微地震监测技术就是通过观测、分析微地震事件来监测生产活动的影响、效果及地下状态的地球物理技术。地层内地应力呈各向异性分布，剪切应力自然聚集在断面上。通常情况下这些断裂面是稳定的。然而，当原来的应力受到生产活动干扰时，岩石中原来存在的或新产生的裂缝周围地区就会出现应力集中，应变能增高；当外力增加到一定程度时，原有裂缝的缺陷地区就会发生微观屈服或变形，裂缝扩展，从而使应力松弛，储藏能量的一部分以弹性波（声波）的形式释放出来，产生小的地震，即微地震。

大多数微地震是在原有的裂缝和断层附近发生的，通过微地震监测可以识别可能引起储层分区或流动通道的断层或大裂缝。对微地震波形和震源机制的研究，可提供有关气藏内部变形机制、传导性裂缝和再活动断裂构造形态的信息，以及流体流动的分布和压力前缘的移动状况。

微地震监测包括野外现场数据采集、微地震波的数据处理及微地震事件分析定位三大步：

（1）采集过程中检波器的安置以及数据的同步接收是监测成功的基础。

（2）数据处理完成微地震事件的定位，也就是产生地质现象的源的位置。

（3）事件分析的目的在于将事件的成因分析清楚，有助于对事件类型进行判断，进而指导风险规避。

为了监测储气库系统，采取地面和井下长期永久观测的办法，地表埋置观测的检波器分布应覆盖整个气库，以提高观测覆盖面。在井筒中，安放井下检波器，随时全方位记录和监测整个储气库范围内的微地震事件。在实现了高精度数据采集和实时传输后，开始后续的处理分析，运行微地震监测系统。

根据记录的微地震事件，通过具体的数据处理和分析手段，定位引发微地震的震源位置，并确定震源能量，分析震源位置的密集程度及能级大小，实现对盖层和断裂密封性的监测。

2. 微地震监测方案设计及优选

微地震监测效果的好坏受两个方面因素的影响，一是检测微地震信息的灵敏度，这取决于微地震震级的大小和微地震事件传播的距离。微地震波传播过程中将接受来自大地滤波器的滤波即地层的吸收，微地震波的能量将会衰减；微地震感应器是一套物理装置，其高灵敏度设计为其应用到微地震监测领域打下坚实基础，然而它所能接受和记录的微地震事件的能量必须有个门槛值，只有能量级别超过门槛值时，事件才会被记录下来。

地震能级计算公式如下：

$$M_w = 2\lg\frac{M_0}{3} - 6 \tag{8-2-1}$$

$$M_0 = \frac{4\pi\rho_0 C_0^3 R\Omega_0}{F_c R_c S_c} \tag{8-2-2}$$

式中　　M_w——地震震级；

M_0——地震矩，N·m；

Ω_0——地震波远震位移谱的低频幅值，Hz；

ρ_0——震源介质密度，g/cm³；

C_0——震源处波速，m/s；

R——震源和接收点间的距离，m；

F_c——地震波的辐射系数；

R_c——地震波的自由表面放大系数；

S_c——地震波的场地校正。

定位精度是接收到的微地震事件参与反演得到微地震事件定位的精度，精度的高低与微地震事件能量的大小以及速度模型的精度直接相关，定位精度计算如图 8-2-8 所示。

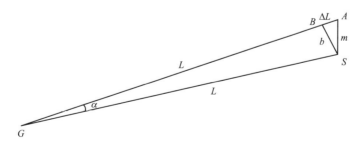

图 8-2-8　定位精度计算示意图

G 为感应器位置，S 为实际微地震事件发生位置，A 为反演后得到的微地震事件发生位置，A 偏离 S 的距离 m 即为定位精度，计算公式如下：

$$m = \left(b^2 + \Delta L^2 \right)^{\frac{1}{2}}$$

仔细研究本地区的地质特点，诸如断层断距、盖层埋深以及本区的地应力特点，认为如果能级为 -0.5~-0.3 级的微地震信息，并用它实现时间定位，可以满足微地震事件灵敏度的要求，也就是说搭建的系统必须能接收 -0.5 级以上的微地震事件；微地震事件定位精度为 30m，结合地震勘探的分辨能力 40m，30m 的定位精度可以满足本区断层活动性监测的要求。

为了模拟论证微地震监测方案的可行性，设计了若干个模型方案，分别对井数、井深、感应器间距做了模拟研究（图 8-2-9）。

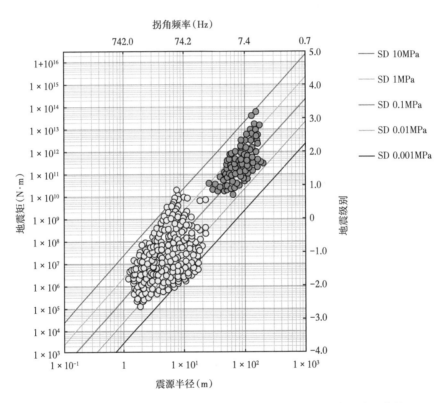

图 8-2-9 地震能量、压力、地震能级、拐角频率及震源半径关系曲线

模拟过程中所使用的速度模型来自该区的声波测井数据，由于是模拟研究，没有参照更多的声波测井结果，故而也就没有考虑速度的横向变化。在实际应用的过程中，将参考本区的实际速度模型，它可以来自声波测井、地震成像速度或是二者约束标定的结果，这对于提高定位精度至关重要。

方案优选的过程，就是在模型正演的基础上，针对具体要素，如井数、井深、感应器间距等进行优选，实现高效、经济、实用的目的。

（1）井型优选。

①井筒内径需大于检波器物理结构尺寸。

②井筒内无打开油气层，如有则必须进行封堵，确保井筒内无流体流动。

③井筒深度满足多级检波器串联下入。

④监测井位于储气库注采活动区域范围内，正演上能够控制、监测全区域微地震事件的发生分布。

（2）井数优选。

四站储气库老井分布于整个库区，为了合理优选监测井数，我们分别建立了1~5口井的模型，进行微地震事件可探测性模拟。

不同井数监测效果模拟如下图所示，其中不同颜色代表可探测的震级大小，由红色到蓝色分别代表震级由 -1 级到 -6 级，可探测震级越小，说明探测精度越高（图 8-2-10 至图 8-2-14）。

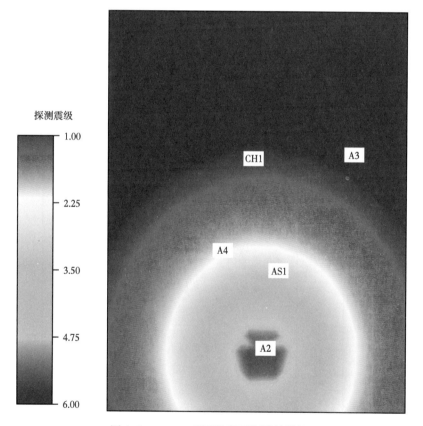

图 8-2-10　1 口观测井的可探测性模拟

在监测面积一定的前提下，观测井数越多，覆盖范围越好。通过对比在 1~5 个不同数目井中布设检波器阵列的探测极限模拟，得到如下认识：4 口以上监测井，库区能达到比较好震级灵敏度的覆盖效果；多于 4 口监测井时，对整个库区震级灵敏度的提高有限。因此，4 口监测井是最优井数。

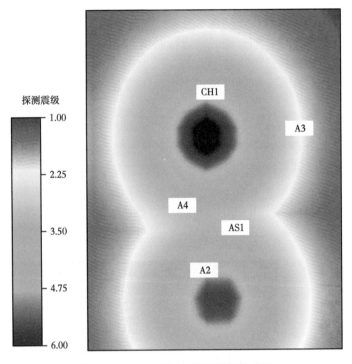

图 8-2-11　2 口观测井的可探测性模拟

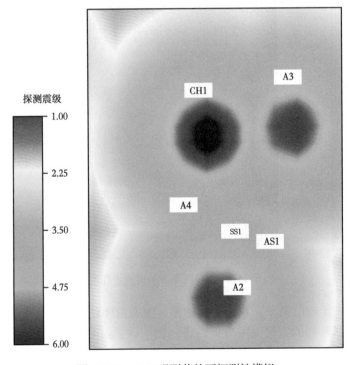

图 8-2-12　3 口观测井的可探测性模拟

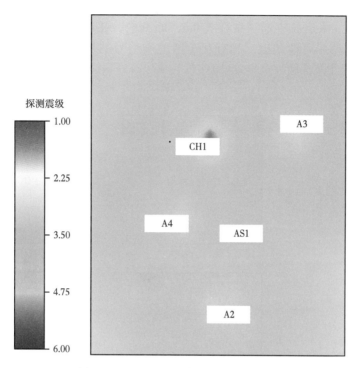

图 8-2-13　4 口观测井的可探测性模拟

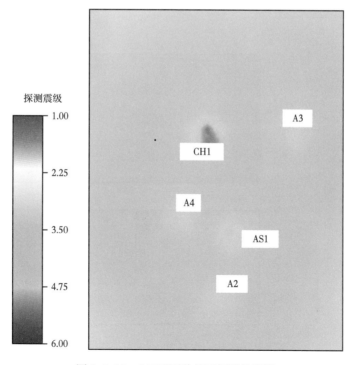

图 8-2-14　5 口观测井的可探测性模拟

（3）检波器布设深度优选。

四站储气库注采层位中部深度在 570m，原则上，在考虑固井质量的前提下，使检波器距离注采储层尽可能的近，越有利于微地震信号的接收。将检波器阵列中心设在 100~800m 的不同井深，做可探测效果模拟（图 8-2-15 至图 8-2-22）。

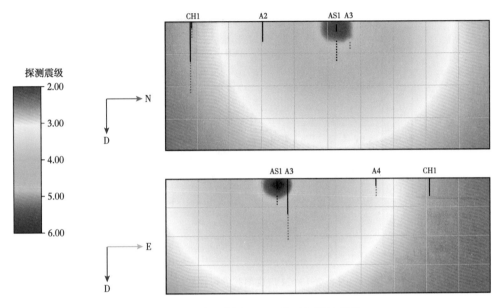

图 8-2-15　中心深度 100m 的可探测性模拟

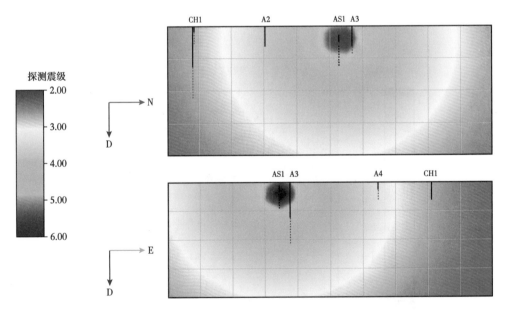

图 8-2-16　中心深度 200m 的可探测性模拟

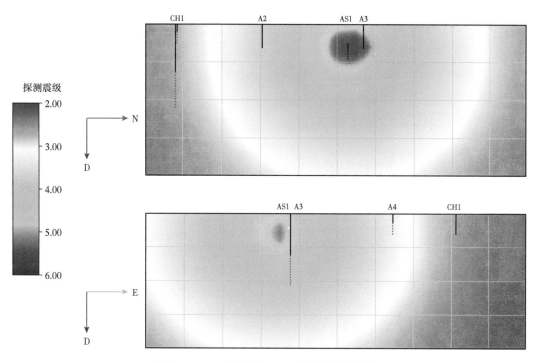

图 8-2-17　中心深度 300m 的可探测性模拟

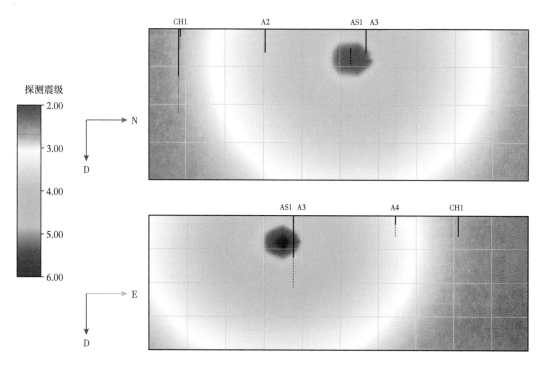

图 8-2-18　中心深度 400m 的可探测性模拟

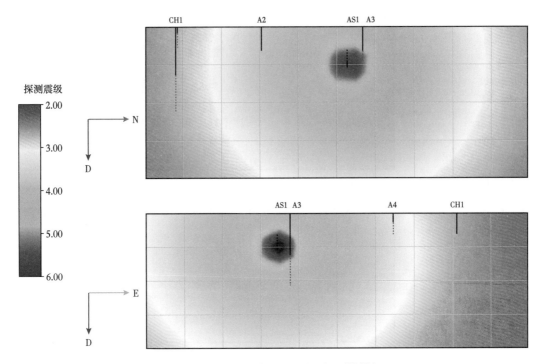

图 8-2-19　中心深度 500m 的可探测性模拟

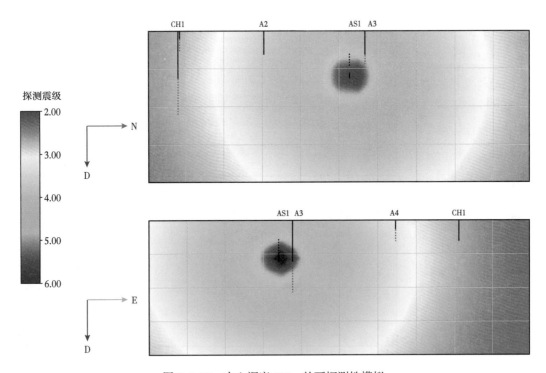

图 8-2-20　中心深度 600m 的可探测性模拟

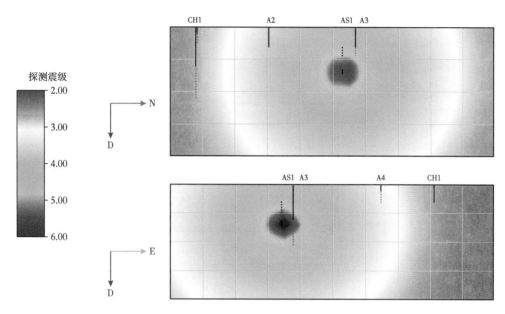

图 8-2-21 中心深度 700m 的可探测性模拟

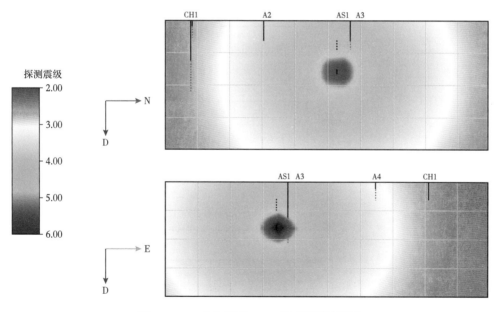

图 8-2-22 中心深度 800m 的可探测性模拟

通过对比 100~800m 不同中心深度井中布设三分量检波器阵列的结果看，我们得到在 500~600m 安装检波器阵列时，对储层深度（570m）范围能够达到最优（蓝色区域）。因此，应在以 570m 深度为中心附近布设检波器阵列，同时对浅部和深部都能做到有效覆盖。

（4）感应器间距优选。

检波器间距也就是检波器阵列含有多少个检波器的问题，理论上讲检波器越多越好，但是由于井深、设备的采样间隔上限等客观因素，以及工程成本的制约，在做优选分析时，其判定标准是达到灵敏度和定位精度即微地震能级 -3~-1 级，定位精度 10m 的要求即可。

不同级间距可探测效果模拟结果如图 8-2-23 至图 8-2-27 所示。

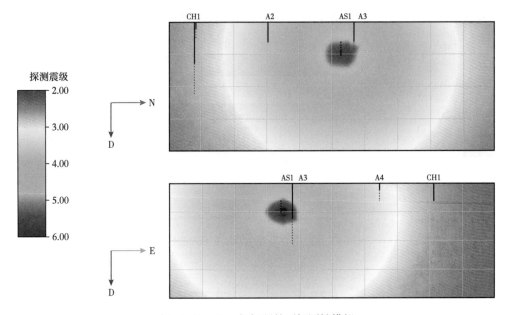

图 8-2-23 10m 级间距的可探测性模拟

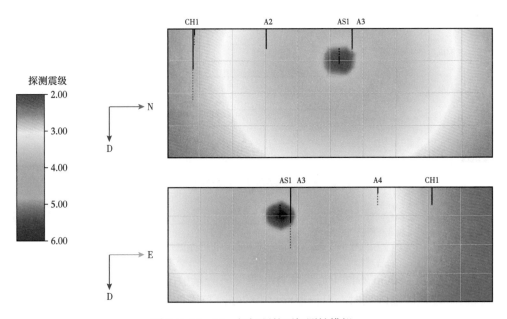

图 8-2-24 20m 级间距的可探测性模拟

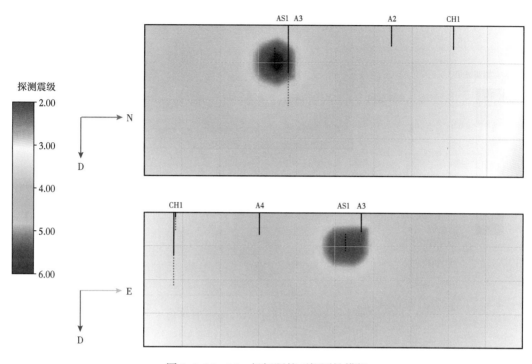

图 8-2-25　30m 级间距的可探测性模拟

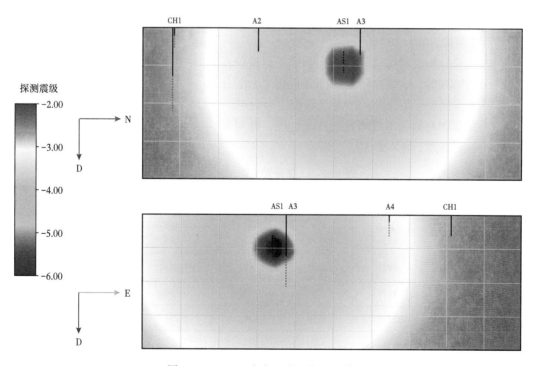

图 8-2-26　40m 级间距的可探测性模拟

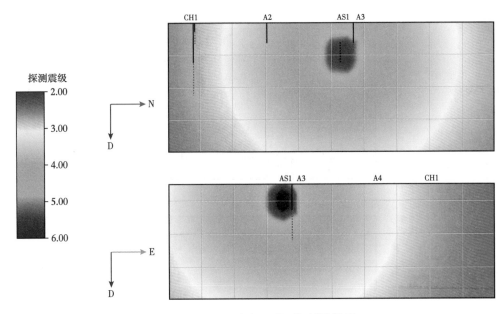

图 8-2-27　50m 级间距的可探测性模拟

通过对比不同级间距（10~50m）布设检波器阵列的震级灵敏度，可以看到，使用 20m、30m 及 50m 间距安装检波器阵列，垂直方向覆盖范围近似圆形，深度和水平覆盖范围较宽，效果较好。结合四站储气库封堵井固井质量、封堵后井深等井况，选择 4~6 级井下检波器构成监测系统阵列。

（5）方案优选。

通过优选分析、对比实际井况并参照工程造价，模拟优选出了 4 口井中检波器阵列组成的监测网络方案；检波器阵列将部署在整个断层分布区域，采集到的微地震数据将通过地面光纤传输到位于集注站的中心计算机进行处理。

同时结合四站储气库封堵井的实际情况，针对每一口井又进行了个性化设计，最终确定微地震监测方案（表 8-2-3）。

表 8-2-3　微地震监测方案优选表

序号	井号	井深（m）	水泥返高（m）	封堵灰面（m）	可用井段（m）	检波器数（个）	检波器间距（m）
1	A3	1750	地面	265	0~265	4	30
2	CH1	1832	441	817	441~817	4	40
3	A4	1679	936	300	0~300	4	30
4	A2	1720	地面	247	0~247	4	30

（6）微地震监测井位部署成果。

在充分调研和深入论证的基础上，建立了一套适于四站储气库永久监测的微地震监测系统。本次从封堵井中选用 4 口可利用井开展微地震监测，监测范围可覆盖全气藏圈闭，从而实现对储气库圈闭范围内断层活动性、盖层密封性的实时监测，为储气库的安全运行提供保障（图 8-2-28）。

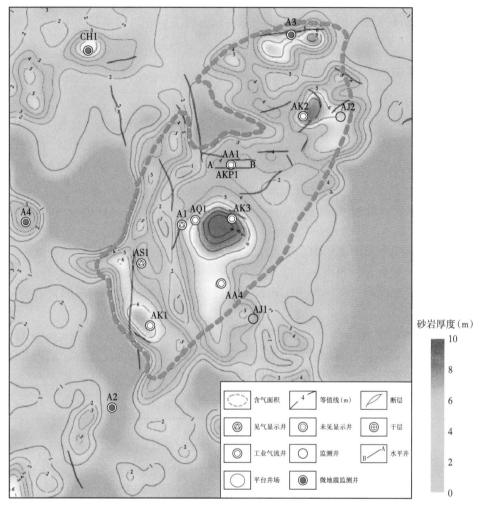

图 8-2-28 四站储气库微地震监测井部署图

第三节 风险分析及实施要求

一、风险分析

1. 储层风险

由于四站储气库现有老井控制程度有限，储层非均质性强，储层埋深浅，地震资料预测的砂体和有效储层精度存在一定误差，存在水平井入靶点深度误差大以及砂岩钻遇率低的风险。

2. 产能风险

由于四站气藏储层反演预测存在一定的不确定性，以及地震和测井参数计算的储层物性也存在误差，同时先导试验井井数较少，单井产能认识具有一定的局限性，储气库单井注采能力达到方案设计要求存在一定的风险。

3. 见水风险

四站气藏为边水气藏，同时，南部区块目前仅完钻 1 口井，气水界面未知，因此四站南部 AK5 井、AK6 井具有一定的见水风险。

二、实施要求

1. 钻完井要求

（1）严格按照《油气藏型储气库钻完井技术要求》及《油气藏型储气库固井技术规范》执行。

（2）由于储层埋藏浅，编制钻井方案时，应充分考虑水平井入靶点预测深度误差范围，做好钻井预案，做到入靶前合理控制井斜角，避免追层时损失较多的水平段。

（3）水平井钻井设备应满足随钻进钻头测试和后续施工要求，直井钻井设备应满足后续施工要求。

（4）由于气藏建库前地层压力系数低，要选择适当的钻井方式，做好储层保护，对可能发生的井漏情况最好钻井预案。

（5）由于储气库注采井高速注采，建议选择能够防砂、能够保护储层的合适的完井方式完井。

2. 动态资料录取要求

储气库动态资料是运行管理的基础资料，资料录取对象主要为注采井、监测井等，录取资料包括流体流量、温度压力、流体性质、气体组分等，录取要求见表 8-3-1。

表 8-3-1　储气库常规资料录取要求

录取内容	录取对象	录取方法	录取要求
流体流量	注采井	利用井口流量计或站场计量分离器进行连续计量或间歇计量	注采气期间每天应进行单井流量计量；单井连续计量时间不低于 4 小时
井口压力计温度	注采井、监测井	利用井口/阀组直读式压力表或远传压力计	每 4 小时录取一次；井口压力表及远传压力计应按标准进行校验
静压及静温	注采井、监测井	井筒内下入高精度存储式电子压力计或永久式压力计	注采结束后地层压力恢复 48 小时以上才能开始录取气井静压；重点监测井采用井下永久式压力计连续监测井底压力
流体性质	注采井、监测井	流体取样及分析化验	采气期每月取油气水样并分析化验，注气期注入气样品分析化验；可根据实际需求加密取样分析化验及进行高压物性分析

3. 微地震监测实施要求

（1）井筒清洁无落物，如果有油管，需要取出。

（2）井筒内无打开油气层，如有则必须进行封堵，确保井筒内无流体流动。

（3）需要保证井下检波器布设井段固井质量合格。

（4）井筒中需留有保护液。

4.质量安全环保要求

（1）钻井过程中要做好地下水资源和周围环境保护。

（2）要严格遵守国家制定的《安全生产法》和《环境保护法》以及地方政府制定的相应法规。

（3）按 HSE 标准要求做好健康、安全、环保工作。

（4）有事故预防方案，并且现场做好处理紧急事故各项准备工作。

（5）天然气井控风险级别高，在完井、试气等作业过程中，应加强井控管理。

参 考 文 献

[1] 郑得文，王皆明，丁国生，等.气藏型储气库注采运行优化技术［M］.北京：石油工业出版社，2018.

[2] 丁国生，谢萍.中国地下储气库现状与发展展望［J］.天然气工业，2006，26（6）：111-113.

[3] 李国兴.地下储气库的建设与发展趋势［J］.油气储运，2006，25（8）：4-6.

[4] 陈珊.松辽盆地朝长地区扶余油层构造演化与断层封闭性研究［D］.北京：中国地质大学，2009.

[5] 吕延防，陈章明，付广.盖岩排替压力研究［J］.大庆石油学院学报，1993，17（4）：1-8.

[6] 付广，陈章明，吕延防.泥质岩盖层封盖性能综合评价方法探讨［J］.石油实验地质，1998，20（1）：80-86.

[7] 付广，许凤鸣.盖层厚度对封闭能力控制作用分析［J］.天然气地球科学，2003，14（3）：186-190.

[8] 任森林，刘彬，徐雷.断层封闭性研究方法［J］.岩性油气藏，2011，23（5）：101-105，126.

[9] 陈凤喜，兰义飞，夏勇.榆林气田南区建设地下储气库圈闭有效性评价［J］.低渗透油气田，2011，29（10）：77-81.

[10] 马小明，何雄涛，李建东，等.板南地下储气库断层封闭性研究［J］.录井工程，2011，22（4）：77-79.

[11] 庞晶，钱根宝，王彬，等.新疆H气田改建地下储气库的密封性评价［J］.天然气工业，2012，32（2）：83-85.

[12] 陈波，赵海涛.储层精细表征的研究方法体系与思路探讨［J］.河南石油，2006（1）：21-24.

[13] 陈建阳，于兴河，张志杰，等.储层地质建模在油藏描述中的应用［J］.大庆石油地质与开发，2005，24（3）：17-19.

[14] 王嘉淮，罗天雨，吕硫刚，等.呼图壁地下储气库气井冲蚀产量模型及其应用［J］.天然气工业，2012，32（2）：57-59.

[15] 庄惠农.气藏动态描述和试井［M］.北京：石油工业出版社.

[16] 徐耀东.永安油田永21块地下储气库气井产能的确定［J］.新疆石油地质，2011，32（1）：71-73.

[17] 王洪光，许爱云，王皆明，等.裂缝性油藏改建地下储气库注采能力评价［J］.天然气工业，2005，25（12）：115-117.

[18] 游良容，兰义飞，刘志军，等.榆林气田南区储气库水平井注采能力评价［J］.低渗透油气田，2012，30（1）：91-94.

[19] 张建国，刘锦华，何磊，等.水驱砂岩气藏型地下储气库长岩心注采实验研究［J］.石油钻采工艺，2013，35（6）：69-72.

[20] 夏勇，冯强汉，兰义飞，等.榆林气田南区储气库建设微观可视化渗流模拟研究［J］.低渗透油气田，2012，31（3）：135-137.

[21] 刘志军，兰义飞，伍勇，等.低渗透岩性气藏局部储气库库容量评价与工作气量优化［J］.2012，31（4）：77-80.

[22] 潘洪灏，刘斐，刘纯高，等.气驱开发油藏改建地下储气库的库容量及其影响因素——以兴古7古潜山油藏为例［J］.天然气工业，2014，34（7）：93-97.

[23] 唐立根，王皆明，白凤娟，等.基于修正后的物质平衡方程预测储气库库存量［J］.石油勘探与开发，2014，41（4）：480-483.

[24] 马小明，余贝贝，成亚斌，等.水淹衰竭型地下储气库的达容规律及影响因素［J］.天然气工业，2012，32（2）：86-90.